无障碍智慧生活研究丛书

主编：焦舰

以城市智慧生活服务体系支撑无障碍便捷生活

叶依谦　高渝斐　著

图书在版编目（CIP）数据

以城市智慧生活服务体系支撑无障碍便捷生活 / 叶依谦, 高渝斐著. -- 天津 : 天津大学出版社, 2023.9
（无障碍智慧生活研究丛书 / 焦舰主编）
ISBN 978-7-5618-7540-7

Ⅰ. ①以… Ⅱ. ①叶… ②高… Ⅲ. ①人工智能－应用－生活 Ⅳ. ①TP18

中国国家版本馆CIP数据核字(2023)第132690号

YI CHENGSHI ZHIHUI SHENGHUO FUWU TIXI ZHICHENG WUZHANG'AI BIANJIE SHENGHUO

出版发行 天津大学出版社
地　　址 天津市卫津路92号天津大学内（邮编:300072）
电　　话 发行部:022-27403647
网　　址 www.tjupress.com.cn
印　　刷 廊坊市瑞德印刷有限公司
经　　销 全国各地新华书店
开　　本 710mm×1010mm　1/16
印　　张 10.5
字　　数 193千
版　　次 2023年9月第1版
印　　次 2023年9月第1次
定　　价 58.00元

科技呈现无障碍智慧生活

恭贺“无障碍智慧生活研究丛书”面世

翻开“无障碍智慧生活研究丛书”，犹如打开一扇激荡人心、难以尘封的记忆闸门，奔涌而出的是对北京2022年冬奥会和冬残奥会那段如火如荼的激情岁月的怀想。无障碍环境建设，让我们有缘走近冬奥会，参与筹备筹建盛会场馆的全过程；而科技呈现出的无障碍智慧生活，又为我们找到了新的奋斗方向和不懈努力的动力。科技无障碍是心灵与智慧的碰撞，是人类社会进步的曙光，是提升人们生活品质的通道。科技无障碍改变人们已有的固化思维，让追求更高、更快、更强的生命绽放出更加璀璨的光芒。科技为无障碍智慧生活插上了翅膀，通过构建无障碍智慧生活，使人们能跨越国界、跨越种族、跨越身体的差异，在晶莹的冰雪中点亮温暖的希望。

2008年，北京成功举办2008年北京奥运会和第13届夏季残疾人奥林匹克运动会，2022年又成功举办北京2022年冬奥会和冬残奥会，成为世界上第一个“双奥之城”，并向全世界彰显了中国开放包容的人文关怀，展现了高水平的无障碍建设中国方案和中国智慧，留下了丰富的奥运会遗产。两次奥运会的举办对我国的无障碍环境建设提出了很高的标准要求，也催生了一系列无障碍环境建设的行动举措，极大地推动了我国无障碍环境建设的进程。

随着信息技术水平的提升和互联网的普遍应用，智慧城市的快速发展使无障碍环境建设迎来了新的机遇和挑战。智能化设施开始更多地融入人们生活服务中的各个场景，越来越多的人开始使用智能化设施，以充分地享受科技带来的便捷高效和魅力乐趣。借助北京2022年冬奥会和冬残奥会难得的契机，进一步完善以无障碍、便捷为目标的智慧生活服务体系，会切实提高群众在居住、出行、购物等生活服务功能场景中的便捷性和幸福感，保障更多有无障碍需求的人群融入日常生活和平等参与社会生活。

科技创新彰显大国实力。基于北京2022年冬奥会和冬残奥会的科技保障重大需求，科技部围绕办赛、参赛、观赛、安全、示范五大板块部署科研任务，设立“科技冬奥”专项。“无障碍、便捷智慧生活服务体系构建技术与示范”项目作为由中国残疾人联合会推荐的唯一一项关于无障碍的综合性研究项目，以“无障碍、便捷”为目标，以“智慧生活服务体系”为研究对象，按照居住（以北京冬奥村和冬残奥村为代表）、场馆（以冬残奥会使用场馆为代表）和交通（以北京奥运保障机场为代表）三个应对场景，无障碍服装服饰和导盲犬两个专项服务，研发整合性技术及服务、单项技术和设备装备，同时开展应用示范，全面提升办奥城市的无障碍生活服务能力，为北京2022年冬残奥会提供科技支撑。此项目不仅填补了这一领域的空白，也为日后持续开展此领域此类项目奠定了基础、做出了示范。

“无障碍智慧生活研究丛书”（三册）系统梳理了此项目课题一“无障碍、便捷智慧生活服务体系及智能化无障碍居住环境研究与示范”的研究成果，在智慧城市和无障碍环境的大背景下持续探索，深化研究成果，总结冬奥会和冬残奥会的经验，并加以汇总。

本丛书系统地梳理了国内外智慧城市的发展现状以及指标评价体系，提炼了智慧城市大框架下与无障碍便捷生活服务相关的系统，探索了各领域的无障碍智慧服务应用；基于多方调研，梳理了面向北京2022年冬残奥会的智慧生活服务需求，归纳整合并提出了面向冬残奥会的智慧生活服务体系框架，研究和落实了无障碍智慧生活服务体系的技术路线以及实施路径；同时，结合无障碍生活服务体系框架组成，构建了无障碍智慧居住环境技术体系框架，编制了具备科学性及实践指导意义的无障碍、便捷智慧生活服务体系规划性文件及规划指标体系。本丛书结构严谨、数据翔实、观点明确、理论研究深入、实践内容充分，可为无障碍从业者提供完善的参考素材，也可为无障碍领域研究机构提供多方面的智库价值。

北京2022年冬奥会和冬残奥会顺利举办，遗产成果丰厚，经验做法有效，资料全面，无障碍便捷智慧生活服务体系正逐步建设发展，为我国其他城市和地区的无障碍环境建设提供了可以借鉴的思路，为更好地促进我国无障碍环境建设高质量发展提供了智力支持。

2023年9月1日，《中华人民共和国无障碍环境建设法》将施行，这是我国首部针对无障碍环境建设制定的专门性法律，标志着我国无障碍环境建设在法治化的进程中将迈入高质量发展的新阶段。该法提出“加强无障碍环境建设，保障残疾人、老年人平等、充分、便捷地参与和融入社会生活，促进社会全体人员共享经济社会发展成果”，这就是完善我国城市无障碍便捷智慧生活环境的宗旨要义，我们期待它的实现，更要为之奋斗。

借此机会，赞赏北京市建筑设计研究院有限公司、天津大学、天津大学出版社等单位及人员对丛书出版做出的贡献。该丛书丰富了无障碍相关领域的学术成果。深信参与丛书编写的专家们将会再接再励，继续为我国无障碍环境建设发展贡献力量。科技助力无障无碍，科技点亮生活之光，智慧生活赋能人类，智慧人文大爱无疆!

吕世明

2023年8月

前 言

2008 年，第 29 届夏季奥林匹克运动会（以下简称“2008 年北京奥运会”）的成功举办使北京积累了组织奥林匹克运动会的经验。2015 年 7 月 31 日，经过投票表决，国际奥林匹克委员会（以下简称“国际奥委会”）宣布 2022 年第 24 届冬季奥林匹克运动会（以下简称“北京 2022 年冬奥会”）和第 13 届冬季残疾人奥林匹克运动会（以下简称“北京 2022 年冬残奥会”）的举办城市为北京。北京成为世界上第一个“双奥”城市。

中国是当今世界上人口最多的国家，残疾人的绝对数量非常庞大，甚至超过世界上一些国家的人口数量。根据 2019 年 7 月中华人民共和国国务院新闻办公室发布的文件，中国的残疾人已经超过 8 500 万人，占全国人口总数的 6.3%。北京 2022 年冬残奥会的举办，成为推动国家和地区提升无障碍水平的重要契机。

北京举办北京 2022 年冬奥会和冬残奥会，确立了“以运动员为中心、可持续发展、节俭办赛”三大理念。这三大理念与 2014 年 12 月在摩纳哥举行的国际奥委会第 127 次全会上全票通过的《奥林匹克 2020 议程》完全契合，是继 2008 年北京奥运会后中国对奥运精神的再次诠释。

针对冬残奥会，国际残疾人奥林匹克委员会（以下简称“国际残奥委会”）在公平、尊严和适用的原则下，既关注相关的设施建设，还要求确保主办城市服务实现无障碍。

为了贯彻上述要求和理念，在北京 2022 年冬残奥会筹办过程中，北京开展针对参与这次盛会的有无障碍需求人士的生活服务方面的研究。这对于保障高质量、高效率地实现申奥承诺非常重要。此处所说的有无障碍需求人士是以残疾人运动员为主，同时包括老年人、病弱群体、孕妇、幼儿等在内的所有人士。

针对残疾人、老年人、病弱群体、孕妇、幼儿等人士的生活服务应当是无障碍的。在实际生活中，这些人士都在不同程度上遇到了障碍，在起居、出行、卫生、文化、旅游、购物等方面的行动和交流信息上遇到了障碍。

无障碍的理念贯彻在国际组织以及各国、地区的政策法规中，属于政府和社会的责任和义务。无障碍生活环境的构建在向包容共享的方向发展，最终目标是为所有人营造能够幸福生活的环境。

无障碍的硬件设施近几十年发展得比较快，在中国也越来越完善。同时，无障碍整体理念正在发生变化，从以肢残人士为主的“可达性”发展到满足所有人需求的“通用性”。

构建环境包容友好、交通安全便捷、设施智能通用、交流顺畅无碍的无障碍生活服务体系正是实现上述目标以及应对社会发展变化的途径。

最近这些年，世界各国都在借助高速发展的智慧化手段提高生活服务水平，打造生活服务的智能平台，开发相关的软硬件。人们对于便捷和高效的诉求推动了智慧生活的发展，城市规划、市政、交通、医疗、教育、环保等各个领域围绕智慧生活的目标持续深耕，同时带动了相关行业的变革。

但是，经过检索文献资料发现，对以无障碍便捷为目标的智慧生活服务体系的研究很不充分，面向残奥会的相关研究更是缺乏。已有的关于残奥会管理和服务规划的研究大多数仍然以服务残疾人运动员为主，多指向保障赛事相关的交通、卫生、信息等具体方面，不能很好地体现残奥会承载的社会包容性和广泛参与性内涵。

本丛书——“无障碍智慧生活研究丛书”，是在国家重点研发计划“科技冬奥”专项“无障碍、便捷智慧生活服务体系构建技术与示范”（项目编号：2019YFF0303300）下设课题一“无障碍、便捷智慧生活服务体系及智能化无障碍居住环境研究与示范”（课题编号：2019YFF0303301）的研究基础上，一方面总结冬奥会相关经验，以期留下奥运会相关遗产；另一方面针对后冬奥会时期的城市无障碍便捷生活环境，聚焦智慧城市和无障碍环境之间的关系进行继续探索。

本丛书由作者在相应研究成果的基础上进行扩充、深化和调整完成，包括三本书：《以城市智慧生活服务体系支撑无障碍便捷生活》《面向冬残奥会的无障碍便捷智慧生活服务体系及其技术路线》《以无障碍智慧生活为目标的技术体系及规划》。

第一本是在子课题一“面向冬残奥会的智慧生活服务体系框架”的研究报告《面向冬残奥会的智慧生活服务体系框架研究报告》的基础上进行调整的，并增加了第 7 章“城际交通无障碍便捷智慧服务框架性指南”和第 8 章“借助智慧城市构建无障碍生活环境”。

第二本是在子课题二“面向冬残奥会无障碍需求的便捷智慧生活服务体系及技术路线”的研究报告《面向冬残奥会无障碍需求的便捷智慧生活服务体系及技术路线研究报告》的基础上进行调整完成的。

第三本是在子课题三“冬残奥会无障碍、便捷智慧生活服务体系规划”的研究报告《北京市无障碍、便捷智慧生活服务体系规划》及子课题五“冬残奥村无障碍智慧居住环境设计技术体系”的研究报告《无障碍、智慧居住环境技术体系研究报告》的基础上进行调整完成的。

“无障碍、便捷智慧生活服务体系及智能化无障碍居住环境研究与示范”课题由北京市建筑设计研究院有限公司牵头，联合天津大学、中国建筑设计研究院有限公司共同完成。除本丛书作者外，和本丛书内容相关的参与课题的研究人员（主要的 12 位人员，以姓氏的汉语拼音排序）有：包延慧、郝亚兰、焦博洋、金颖、刘宇光、曲翠萃、邵韦平、王健、吴晶晶、张小弸、张阅文、郑康等。郑楠提供了部分照片。对于以上单位和人员一并表示感谢。

丛书主编：焦舰

2022 年 12 月

目录

第1章 国家重点研发计划“科技冬奥”专项“无障碍、便捷智慧生活服务体系构建技术与示范”简介

1.1 项目简介

国家重点研发计划“科技冬奥”重点专项是围绕服务于北京2022年冬奥会和冬残奥会的科研重点工作。“无障碍、便捷智慧生活服务体系构建技术与示范”是其中以“无障碍、便捷”为目标、以“智慧生活服务体系”为对象开展研究的项目。项目目标是面向北京2022年冬残奥会需求，利用智慧手段，将系统集成、技术研发和应用示范结合，针对北京2022年冬残奥会无障碍、便捷智慧生活服务的关键问题研发系统集成、技术路线、智能平台、技术标准、方案方法、评估体系、设备装备等，并开展应用示范，为北京2022年冬残奥会提供科技支撑，为中国无障碍环境和服务体系的科技创新提供指导。

“无障碍、便捷智慧生活服务体系构建技术与示范”研究于2019年底正式启动，由北京市建筑设计研究院有限公司牵头，联合北京邮电大学、中国民航局第二研究所、北京服装学院、大连医科大学、天津大学、中国建筑设计研究院有

限公司、新讯数字科技（杭州）有限公司（原杭州东信北邮信息技术有限公司）、清华大学、北京首都国际机场股份有限公司共同完成。

项目共包含五个课题，课题一为“无障碍、便捷智慧生活服务体系及智能化无障碍居住环境研究与示范”，课题二为“基于人工智能技术的视障辅助系统研究与示范”，课题三为“机场智能无障碍服务保障技术研究与应用示范”，课题四为“符合残障人士人体及运动特征的无障碍服装服饰体系研究与示范”，课题五为“导盲犬培育、培训及筛选评估体系和标准研究与应用示范”。

在科技部、中国21世纪议程管理中心的领导下，在中国残疾人联合会的推荐及指导下，在北京2022年冬奥会和冬残奥会组织委员会、北京及河北省相关部门的支持下，在北京城市副中心投资建设集团有限公司、北京首都国际机场股份有限公司等示范单位的配合下，经过项目研究团队近3年的不懈努力，项目已经取得了丰硕成果。本项目解决了8个关键技术问题，提出了6个创新点，共取得了121项成果，包括50项研发成果以及71项论文、专利、软著成果。研究成果主要包括6个技术体系、5项技术方案或方法、6项标准、6套设计导则、6套设计图集、1部指导手册、3个智慧平台、3款软件、1个数据库、8类设备装备样机、1个服装原型等。应用示范包括编制3个赛区所在地的无障碍生活服务规划，分别在北京冬残奥村、冬残奥馆、北京奥运保障机场3个场景中开展应用或示范，为残疾人运动员提供6个系列的服装，20只以上高质量的导盲犬。

在已经闭幕的北京2022年冬奥会和冬残奥会期间，项目的重要成果得到应用或示范，有效提升了冬奥会和冬残奥会的人性化、科技化服务品质，并推动了中国无障碍、便捷生活服务体系在先进的信息智慧技术支撑下进入新的发展阶段。

项目成果在服务于北京2022年冬残奥会相关需求的基础上，将推动中国无障碍环境建设事业在先进的信息智慧技术支撑下进入新的发展阶段，促进基础性科研成果向应用型科研成果的转化。

1.2 课题简介

1.2.1 研究目标

本课题面向北京 2022 年冬残奥会，针对主办城市的无障碍、便捷智慧生活的需求，围绕赛事场馆、赛时交通、赛时居住、公共设施等几个方面构建无障碍、便捷智慧生活服务体系，提出具有指导性的技术路线和科技创新建议报告，编制北京、延庆和张家口地区的无障碍、便捷智慧生活服务体系规划；针对服务于北京 2022 年冬残奥会及会后使用的冬残奥村居住建筑，基于人体工学和环境行为学研究得出的设计参数，搭建无障碍智慧居住环境设计技术体系，制定相应的设计标准，开发基于物联网的便捷智能管理平台和无障碍生活智能终端设备，并在北京冬残奥村进行应用示范。

1.2.2 研究内容

本课题“无障碍、便捷智慧生活服务体系及智能化无障碍居住环境研究与示范”拟解决的关键技术问题如下。

① 面向冬残奥会的无障碍、便捷智慧生活服务体系和技术路线。

② 肢体残疾运动员与视力残疾运动员的居住环境无障碍设计参数及环境设计技术体系。

③ 现代化智能管理平台与居住建筑无障碍需求的深度融合技术。

围绕上述 3 个关键技术问题，结合示范，设 6 个子课题开展研究。

子课题一：面向冬残奥会的智慧生活服务体系框架。

基于调研，梳理出面向北京 2022 年冬残奥会的智慧生活服务体系的类别，总结每类的主要内容，提出面向冬残奥会的智慧生活服务体系框架。本部分内容为项目研究的基础。

子课题二：面向冬残奥会无障碍需求的便捷智慧生活服务体系及技术路线。

对各类障碍人群的需求和无障碍技术开展调研和分析，搭建无障碍、便捷智慧生活服务体系，构建技术支撑路线。

子课题三：冬残奥会无障碍、便捷智慧生活服务体系规划。

构建规划大纲及指标体系中的关键指标。针对北京、延庆和张家口赛区，编制规划，提出目标、系统、要素、技术策略和要求以及规划指标体系等。

子课题四：冬残奥村残疾人居住环境人体工学及环境行为实验研究。

获取残疾人运动员的人体工学以及环境行为学参数，并进行居住生活环境下的分析和验证。

子课题五：冬残奥村无障碍智慧居住环境设计技术体系。

总结冬残奥村的无障碍、便捷智慧生活服务体系，建立冬残奥村无障碍智慧居住环境设计技术体系，编制无障碍智慧居住环境设计标准。

子课题六：冬残奥村无障碍便捷智能管理平台以及智能终端设备。

采用建筑信息模型作为主要载体，依托通用数据库技术，对冬残奥村中与无障碍及便捷有关的各种设备、构件和空间等进行分类和编码，将平台各智能系统功能与无障碍技术及冬残奥人群进行深度融合，构成现代化的冬残奥村无障碍便捷智能管理平台，研发 4 类生活智能终端设备，配合管理平台进行使用。

1.2.3 研究成果

① 完成冬残奥会无障碍、便捷智慧生活服务体系报告，1 篇。

② 完成无障碍环境和服务体系科技创新研究报告，1 篇。

③ 完成无障碍、便捷智慧生活服务体系规划，北京、延庆和张家口赛区各 1 套，共 3 套。

④ 完成无障碍智慧居住环境技术体系报告，1 篇。

⑤ 编制无障碍智慧居住环境设计标准，1 部。

⑥ 研发面向冬残奥会无障碍、便捷智慧居住环境设计参数验证软件，1 套。

⑦ 研发基于物联网的冬残奥村无障碍便捷智能运维管理平台软件，1 套。

⑧ 研发针对不同残障特点的无障碍生活智能终端设备，4 类。

⑨ 申请实用新型专利，4 项。

⑩ 发表论文，10 篇。

⑪ 培养研究生，4 名。

⑫ 研究成果在北京冬残奥村示范。

1.2.4　技术路线

无障碍、便捷智慧生活服务体系及智能化无障碍居住环境研究与示范技术路线见图 1-1。

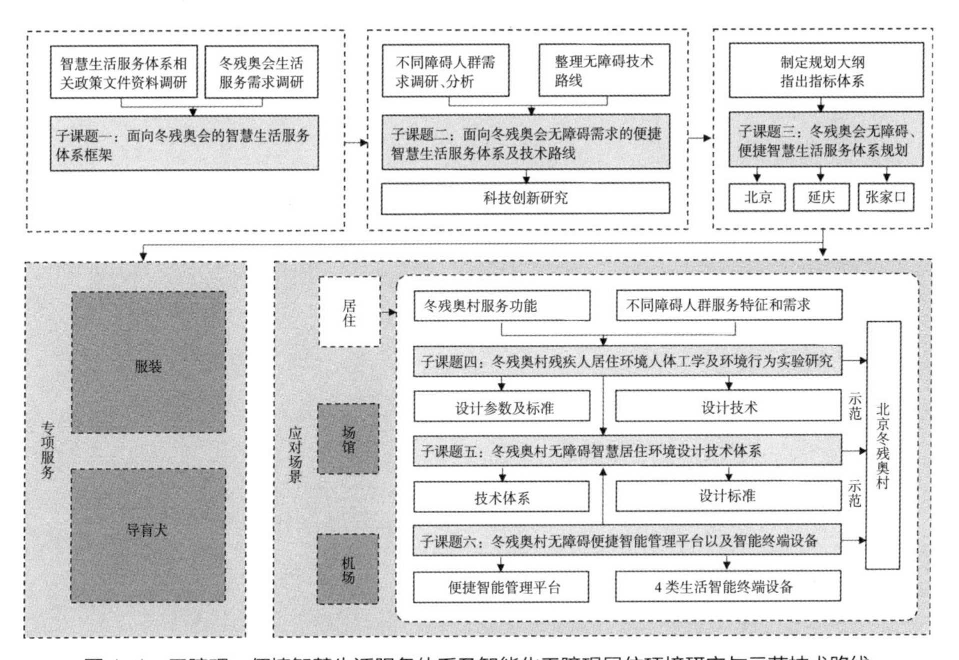

图 1-1　无障碍、便捷智慧生活服务体系及智能化无障碍居住环境研究与示范技术路线

第2章　概述

本书先在系统性地梳理国内外智慧城市的发展现状以及指标评价体系的基础上，提炼智慧城市大框架下和无障碍便捷生活服务相关的子系统，探索各领域的智慧服务应用。同时，基于多方面的调研，梳理出面向北京2022年冬残奥会的智慧生活服务需求，归纳整合后提出面向冬残奥会的智慧生活服务体系框架。

建立科学合理的面向冬残奥会的智慧生活服务体系框架，不仅可以为北京2022年冬奥会和冬残奥会利用智慧城市构建高质量生活服务体系提供理论框架，而且有助于将智慧信息技术领域的优势成果成体系地应用在城市的生活服务中，对于中国智慧城市的发展也有一定的指导价值。

之后，以城际交通领域为例，从行业层级出发，提出无障碍便捷智慧服务框架性指南。最后，立足现有的成就和水平，展望借助智慧城市而构建的无障碍生活环境。

本书的主要内容如下。

（1）中国生活服务体系综述

本书第3章。本章通过对中国关于生活服务的相关权威性政策文件及研究文献的调研分析，明确生活服务体系的范畴，分析生活服务的智慧化发展趋势。

（2）智慧城市框架下的智慧生活服务应用领域分析

本书第4章。本章通过对国内外典型城市的智慧城市发展及其应用服务内容的梳理分析，提炼出关于生活服务领域的应用；通过调研分析国内外智慧城市的评价指标体系，总结出和城市生活服务相关的指标。在上述内容基础上，得出基于智慧城市的生活服务体系框架。

（3）城市生活服务需求的梳理——以面向北京 2022 年冬残奥会为例

本书第 5 章。本章汇总调研了 2022 年冬残奥会赛前集训队的生活服务需求，同时收集近两届举办残奥会的城市提供生活服务的经验，以及中国举办重大赛事活动的相关经验，对残奥会主办城市惯例性的相关要求进行系统性的调研和梳理，对《北京 2022 年冬奥会和冬残奥会无障碍指南》（以下简称“《北京 2022 无障碍指南》”）中关于保证生活服务无障碍便捷性的要求进行了提炼总结，对各类别的冬残奥会参与者的生活服务需求分别给予概述。

（4）智慧生活服务体系框架构建——以面向北京 2022 年冬残奥会为例

本书第 6 章。本章基于以上调研和综合分析，提出构建面向北京 2022 年冬残奥会的智慧生活服务体系的指导思想及原则，提出将“无障碍、便捷智慧生活”作为智慧城市服务的重要领域，总结出面向北京 2022 年冬残奥会的智慧生活服务体系框架的 8 个组成部分，最终形成面向北京 2022 年冬残奥会的智慧生活服务体系框架。

（5）城际交通无障碍便捷智慧服务框架性指南

本书第 7 章。本章以城际交通领域为例，在整合相关政策、文件的基础上，分场站、交通工具、服务 3 个方面，从行业层级出发，提出无障碍便捷智慧服务框架性指南。

（6）借助智慧城市构建无障碍生活环境

本书第 8 章。本章提出“无障碍环境”的根本目的是支撑 “无障碍的生活”，智慧城市有助于为人们提供具有包容性和人性化的智慧空间。伴随着互联网的普及、发展以及新技术、新产品的推广和应用，大量提供生活服务的企业也在利用互联网改善无障碍服务，大量智慧化的无障碍设施产品和技术可保障和促进“无障碍的生活”的实现。

第3章　中国生活服务体系综述

3.1　中国生活服务发展概况

生活服务业通常被理解为与居民生活需求密切相关的服务行业，是中国现代服务业的重要内容。

随着近些年中国经济的持续高速发展、技术的快速进步，社会生产和交往的模式、生活观念和方式、消费结构都发生了巨大的改变。根据商务部发布的《居民生活服务业发展“十三五”规划》等，中国居民生活服务业的改变有以下特征。

① 服务消费快速增长。除了居民生活服务业营业额的增速高于国内生产总值增速之外，个性化需求爆发式增长，专业化需求增长迅速，其中尤以养老、健康等服务需求突出。2018 年 8 月 2 日，国家发展改革委综合司巡视员在扩大消费专题新闻发布会上指出，目前我国服务消费占居民消费支出的比

重超过 40%[①]。

② 服务供给日益丰富。生活服务被市场细分，出现了产品推动需求的趋势。尤其随着信息技术逐渐全面融入生活服务，以数字化技术为依托的生活服务模式得到广泛应用。

③ 服务方式不断创新，新业态、新模式不断涌现。智慧服务、融合服务、聚集服务、品质服务、精准服务、安全服务已经成为居民生活服务业发展的大趋势。信息技术和智能设备的运用更加广泛，智慧服务的范围不断扩大、水平不断提高。线上交易与线下服务的融合更加紧密，不同行业、不同业态之间的融合进一步深化，融合服务更加普遍[②]。

④ 服务质量稳步提升。随着居民对服务体验和服务水平要求的提升，法律保障体系的逐渐健全，社会信用和消费者保护机制的完善，品质成为衡量生活服务业的重要标杆。

总体来说，提升生活服务水平已经成为中国经济发展的主要动力。尽管有以上的进步，但中国生活服务水平还存在很大的提升空间。根据《居民生活服务业发展“十三五”规划》所述，中国居民生活服务业仍存在有效服务总量供给不足、生活服务结构不优、服务质量水平不高等问题，迫切需要转型发展。现阶段中国生活服务水平还不能很好地满足新时期中国民众生活服务的新需求。同时，信息智慧技术的快速发展为生活服务带来了新的手段，也带来了新的挑战。

所以，利用信息智慧手段，针对日益细分的生活需求提供更加精细和高品质的生活服务，是当今中国生活服务业的责任和机遇，也是本书所涉及的研究的基础。

---

① 李慧，刘坤．我国服务消费占居民消费比重超 40%——国家发改委有关负责人解析消费热点问题[N/OL]．光明日报，2018-08-03 [2022-08-05].https://epaper.gmw.cn/gmrb/html/2018-08/03/nw.D110000gmrb_20180803_1-10.htm.

② 中华人民共和国商务部．商务部关于印发《居民生活服务业发展“十三五”规划》的通知[EB/OL].（2016-12-27）[2022-08-05]. http://www.mofcom.gov.cn/article/zcfb/zcwg/201703/20170302540325.shtml.

3.2　有关生活服务体系的内涵

2019年4月，国家统计局依据《国民经济行业分类》（GB/T 4754—2017），从国民经济行业的角度，印发《生活性服务业统计分类（2019）》[①]（以下简称“本分类”）[②]。本分类基于生活性服务业的发展，依据面向居民的服务活动类别，将生活性服务业分为居民和家庭服务、健康服务、养老服务、旅游游览和娱乐服务、体育服务、文化服务、居民零售和互联网销售服务、居民出行服务、住宿餐饮服务、教育培训服务、居民住房服务、其他生活性服务等。

这是具有国家权威性的对于生活服务体系内涵的定义。依据此定义，各个领域又细化了各自范围的生活服务内涵。

3.2.1　城乡规划领域中关于生活服务的内涵

城乡规划领域将城市用地分为建设用地和非建设用地，其中建设用地分为居住用地（R）、公共管理与公共服务用地（A）、商业服务业设施用地（B）、工业用地（M）、物流仓储用地（W）、道路与交通设施用地（S）、公用设施用地（U）、绿地与广场用地（G）8类[③]，其中居住用地（R）、公共管理与公共服务用地（A）、商业服务业设施用地（B）、道路与交通设施用地（S）、绿地与广场用地（G）5类用地和生活服务直接相关。

其中的公共设施用地（公共管理与公共服务设施用地）可进一步分为行政办

---

① 国家统计局．生活性服务业统计分类（2019）[EB/OL].（2019-04-01）[2022-08-15]. http://www.stats.gov.cn/xxgk/tjbz/gjtjbz/201904/t20190418_1758935.html.

② 本分类以面向居民的服务活动为分类的主要依据，提出生活性服务业是指满足居民最终消费需求的服务活动，对生活性服务业有了较明确的定义。

③ 依据《城市用地分类与规划建设用地标准》（GB 50137—2011）。

公、商业金融、文化娱乐、体育、医疗卫生、教育科研设计和社会福利设施用地7类[①]，其中除了行政办公外，其他6类均与生活服务相关。

在居住用地内，基于生活服务的配套设施[②]的建设，在城市居住区中根据人的基本生活需求，将其分为基层公共管理与公共服务设施、商业服务设施、市政公用设施、交通场站及社区服务设施[③]、便民服务设施[④]用地5类。

3.2.2 商业服务领域中关于生活服务的内涵

商业服务是指在商业活动中涉及的服务交换活动，主要包括个人消费服务、企业和政府消费服务，其中个人消费服务是指为个人消费行为提供的服务，主要集中在衣、食、住、行、用、医以及文化娱乐等日常生活方面。

2016年，商务部出台了中国首个专门针对提高居民生活服务质量的指导性文件《居民生活服务业发展"十三五"规划》，文件中提出"健全服务网络，以普通大众为主要服务对象，加快构建以家庭为基础、社区为依托、企业为主体的居民生活服务体系。丰富服务内容，鼓励各类市场主体在提供零售、餐饮、快递、维修、家政、养老、健康、婴幼儿看护等基本生活服务的基础上，以满足个性化、专业化需求为导向，提供不同层次的多样化服务"。同时，还指出将"以信息化为手段提升创新能力"作为主要任务，促进居民生活服务业的信息化发展，着力运用信息技术推动"互联网 + 生活服务"的全面融合。

综合来看，生活服务是围绕人们的日常生活需求而开展的服务内容，它覆盖民众生活的各个方面，涉及社会不同的行业领域，不但与生活相关，而且涵盖广泛的产业领域。

国家统计局印发的《生活性服务业统计分类（2019）》中的分类可以涵盖不

① 依据《城市公共设施规划规范》（GB 50442—2008）。

② 《城市居住区规划设计标准》（GB 50180—2018）。本次修订以居民能够在步行范围内满足其基本生活需求为基本划分原则。配套设施指的是对应居住区分级配套规划建设，并与居住人口规模或住宅建筑面积规模相匹配的生活服务设施。

③ 社区服务设施指五分钟生活圈居住区内，对应居住人口规模配套建设的生活服务设施，主要包括托幼、社区服务及文体活动、卫生服务、养老助残、商业服务等设施。

④ 便民服务设施指居住街坊内住宅建筑配套建设的基本生活服务设施，主要包括物业管理、便利店、活动场地、生活垃圾收集点、停车场（库）等。

同领域中的生活服务内容。本书以此为生活服务体系内涵的分类，见表 3-1 。

表 3-1　生活性服务业统计分类（2019）

大类	中类	小类
01 居民和家庭服务	011 居民服务	0111 家庭服务
		0112 托儿所服务
		0113 洗染服务
		0114 理发及美容服务
		0115 洗浴与保健养生服务
		0116 婚姻服务
		0117 殡葬服务
		0118 摄影扩印及文印服务
		0119 居民便民服务
	012 居民用品及设备修理服务	0121 汽车修理与维护服务
		0122 摩托车修理与维护服务
		0123 助动车等修理与维护服务
		0124 家用电器修理服务
		0125 计算机和辅助设备修理服务
		0126 手机修理与售后服务
		0127 其他日用产品修理业
	013 其他居民和家庭服务	0131 居民宠物服务
		0132 居民安全保护服务
		0133 居民清洁服务
		0134 搬家服务
		0135 其他未列明的居民和家庭服务
02 健康服务	021 医疗卫生服务	0211 医院（不含中医医院）服务
		0212 基层医疗卫生服务
		0213 妇幼保健院（所、站）
		0214 专科疾病防治院（所、站）
		0215 专业化护理机构服务
		0216 中医医院
		0217 急救中心（站）服务
		0218 其他卫生服务

续表

大类	中类	小类
02 健康服务	022 其他健康服务	0221 互联网医疗服务
		0222 健康咨询服务
		0223 健康体检服务
		0224 心理健康服务
		0225 精神康复服务
		0226 中医保健服务
		0227 健康保障服务
		0228 其他未列明的健康服务
03 养老服务	031 提供住宿的养老服务	0311 机构养老服务
		0312 社区养老服务
	032 不提供住宿的养老服务	0321 居家养老服务
		0322 社会看护与帮助服务
		0323 其他不提供住宿的养老服务
	033 其他养老服务	0331 养老咨询服务
		0332 基本养老保险
		0333 其他未列明的养老服务
04 旅游游览和娱乐服务	041 旅游游览服务	0411 公园景区服务
		0412 体育旅游服务
		0413 其他娱乐业
	042 旅游娱乐服务	0421 室内娱乐服务
		0422 游乐园
		0423 休闲观光活动
	043 旅游综合服务	0430 旅游综合服务
05 体育服务	051 体育竞赛表演活动	0511 职业体育竞赛表演活动
		0512 非职业体育竞赛表演活动
	052 电子竞技体育活动	0520 电子竞技体育活动
	053 体育健身休闲服务	0531 体育健身服务
		0532 民族民间体育活动
	054 其他健身休闲活动	0540 其他健身休闲活动
	055 体育场地设施服务	0551 体育场馆管理
		0552 其他体育场地设施管理

续表

大类	中类	小类
05 体育服务	056 其他体育服务	0561 体育健康服务
		0562 体育彩票服务
		0563 体育影视及其他传媒服务
		0564 体育教育与培训
		0565 体育出版物出版服务
		0566 其他未列明体育服务
06 文化服务	061 新闻出版服务	0611 新闻服务
		0612 出版服务
	062 广播影视服务	0621 广播服务
		0622 电视服务
		0623 电影放映
		0624 其他广播影视服务
	063 居民广播电视传输服务	0630 居民广播电视传输服务
	064 文化艺术服务	0641 文艺创作与表演服务
		0642 艺术表演场馆
		0643 图书馆与档案馆
		0644 文化遗产保护服务
		0645 博物馆服务
		0646 群众文体服务
	065 数字文化服务	0650 数字文化服务
	066 其他文化服务	0660 其他文化服务
07 居民零售和互联网销售服务	071 居民零售服务	0711 百货零售
		0712 超级市场零售
		0713 便利店零售
		0714 专卖店专门零售服务
		0715 其他居民零售服务
	072 互联网销售服务	0720 互联网销售服务

续表

大类	中类	小类
08 居民出行服务	081 居民远途出行服务	0811 居民铁路出行服务
		0812 居民道路出行服务
		0813 居民水上出行服务
		0814 居民航空出行服务
		0815 居民汽车租赁服务
		0816 旅客票务代理
	082 居民城市出行服务	0821 公共电汽车客运服务
		0822 城市轨道交通服务
		0823 出租车客运服务
		0824 居民公共自行车服务
		0825 停车服务
		0826 其他城市公共交通运输
09 住宿餐饮服务	091 住宿服务	0911 旅游饭店
		0912 一般旅馆
		0913 民宿服务
		0914 其他住宿服务
	092 餐饮服务	0921 正餐服务
		0922 快餐服务
		0923 饮料及冷饮服务
		0924 小吃服务
		0925 餐饮配送服务
		0926 外卖送餐服务
		0927 其他餐饮服务
10 教育培训服务	101 正规教育服务	1011 学前教育
		1012 初等教育
		1013 中等教育
		1014 高等教育
		1015 特殊教育

续表

大类	中类	小类
10 教育培训服务	102 培训服务	1021 体校及体育培训
		1022 文化艺术培训
		1023 美容美发培训
		1024 家政服务培训
		1025 养老看护培训
		1026 营销培训
		1027 餐饮服务培训
		1028 旅游服务培训
		1029 其他培训服务
	103 其他教育服务	1030 其他教育服务
11 居民住房服务	111 居民房地产经营开发服务	1110 居民房地产经营开发服务
	112 居民物业管理服务	1120 居民物业管理服务
	113 房屋中介服务	1130 房屋中介服务
	114 房屋租赁服务	1140 房屋租赁服务
	115 长期公寓租赁服务	1150 长期公寓租赁服务
	116 其他居民住房服务	1160 其他居民住房服务
12 其他生活性服务	121 居民法律服务	1211 居民律师服务
		1212 居民公证服务
		1213 居民调解服务
		1214 其他居民法律服务
	122 居民金融服务	1221 居民借贷服务
		1222 居民典当服务
		1223 意外伤害保险
		1224 商业养老金
		1225 健康保险
		1226 居民其他商业保险服务
	122 其他居民金融服务	1227 其他居民金融服务
	123 居民电信服务	1230 居民电信服务
	124 居民互联网服务	1241 居民互联网信息服务
		1242 居民互联网生活服务平台
		1243 互联网体育服务

续表

大类	中类	小类
12 其他生活性服务	125 物流快递服务	1250 物流快递服务
	126 生活性市场和商业综合体管理服务	1260 生活性市场和商业综合体管理服务
	127 文化及日用品出租服务	1271 文化设备和用品出租
		1272 日用品出租
	128 其他未列明生活性服务	1280 其他未列明生活性服务

资料来源：根据《生活性服务业统计分类（2019）》整理。

3.3 中国生活服务发展趋势

3.3.1 生活服务趋向多元化和个性化

近几年，随着人们越来越“有钱有闲”，一方面对生活服务产品的需求从功能性升级到精神性、体验性，消费者在文化、休闲、旅游、知识、健康等服务领域的消费大量增加；另一方面对个性化服务的需求增加，无障碍需求是一类重要的个性化需求，而在此领域内，还可以继续进行层级细分，例如老年友好型社区提供的多元化适老服务，包括餐饮、出行、护理、保洁、保姆等。

利用智慧技术，多元化和个性化的生活服务需求可以通过一站式服务得以满足，将多功能集中在一个服务场所的平台中，实现资源集约利用，同时达到“让数据多跑路、让群众少跑腿”的便民效果。

3.3.2 “互联网 + 生活服务”迅速发展

2015 年 3 月，中国政府工作报告中首次提出“互联网 +”行动计划，并于同年 7 月印发《国务院关于积极推进“互联网 +”行动的指导意见》[①]，明确未来 3 年以至 10 年的“互联网 +”发展目标，提出包括益民服务（包含政务管理、便民服务、医疗卫生、健康养老、教育服务等）、高效物流、电子商务、便捷交通、绿色生态等 11 项重点行动。

在上述重点行动中，益民服务直接面向提供便捷的居民生活服务的目标，其他行动也为便捷的居民生活服务提供支撑。

近年来，因有互联网的助力，生活服务经历了革命性的发展。政府主导的公

① 国务院 . 国务院关于积极推进“互联网 +”行动的指导意见 [EB/OL].（2015-07-04）[2022-08-19]. http://www.gov.cn/zhengce/content/2015-07/04/content_10002.htm.

共性生活服务的水平，因有信息技术的助力而得到飞跃性的提升。健康、零售、金融服务等与日常生活紧密相关的领域，利用互联网提供了更加多元的服务。

借助互联网技术，生活服务向着更加公平、高效、优质、便捷的方向发展。

3.3.3 线上线下深度融合

2015 年 9 月，国务院办公厅印发了《关于推进线上线下互动加快商贸流通创新发展转型升级的意见》[①]，提出线上线下互动成为未来最具活力的经济形态之一，成为促进消费的新途径和商贸流通创新发展的新亮点。

线上线下互动的模式综合了两者各自的优势，线上服务的优势是可以随时随地提供服务，线下服务的优势是可以供居民直观体验。线上线下互动可以激发出新的服务模式和业态，这些新模式、新业态越来越广泛地被应用在家政、餐饮、零售、娱乐、旅游、文化、健康等生活服务领域。通过线上线下的有效结合，更加高效便捷的生活服务得以实现，社会服务资源配置得以优化。

① 国务院办公厅．国务院办公厅关于推进线上线下互动加快商贸流通创新发展转型升级的意见 [EB/OL]．（2015-09-29）[2022-08-19]. http://www.gov.cn/zhengce/content/2015-09/29/content_10204.htm.

3.4 小结

生活服务的活动发生在固定的空间场所上，通过上述分析可以看出，以城乡规划为主导的空间场所分类和商业服务主导的行业服务分类具有高度的对应一致性，见表3–2。

表3–2　生活服务场所与行业的对应关系

空间场所分类	行业服务分类
居住用地（R）	居民住房服务、居民和家庭服务
公共管理与公共服务用地（A）——医疗卫生用地	健康服务
公共管理与公共服务用地（A）——社会福利设施用地	养老服务
公共管理与公共服务用地（A）——文化娱乐用地；绿地与广场用地（G）	旅游游览和娱乐服务
公共管理与公共服务用地（A）——体育用地	体育服务
公共管理与公共服务用地（A）——文化娱乐用地	文化服务
商业服务业设施用地（B）	住宿餐饮服务、居民零售和互联网销售服务
道路与交通设施用地（S）	居民出行服务
公共管理与公共服务用地（A）——教育科研设计用地	教育培训服务
公共管理与公共服务用地（A）——商业金融用地	其他生活性服务（法律、金融、信息等）

作为国民经济的基础性产业，保障和改善民生的重要行业，生活服务业的发展将以更加人性化的需求为导向，通过推动以“互联网＋”为代表的多种信息智慧技术在生活服务领域的全面应用，提供更加多元、便捷、精细的居民生活服务。智慧型的生活服务采用线上与线下相结合的模式，推动传统生活服务快速转型升级，向着信息化、标准化、集约化发展。支撑多层次、全方位的居民生活服务体系的智慧化的生活服务平台已经在较发达的地区构建并投入使用。怎样更好地满足人民群众逐渐提升的生活服务需求是未来发展需要解决的重要问题。

第 4 章　智慧城市框架下的智慧生活服务应用领域分析

4.1　国内外智慧城市发展综述

4.1.1　由城市的智慧化生活服务到智慧城市

随着围绕生活服务的智能平台的普及和成熟，更大的城市级的系统化的智慧平台——“智慧城市”开始成为当今世界城市的主流发展方向。2012 年，中国政府启动了较大规模的智慧城市试点，并在 2014 年发布的《国家新型城镇化规划（2014—2020 年）》中要求推进智慧城市建设，2016 年底确定了新型智慧城市的发展方向，将建设新型智慧城市确认为国家工程。

《智慧城市　术语》（GB/T 37043—2018）中对智慧城市的定义为：“运用信息通信技术，有效整合各类城市管理系统，实现城市各系统间信息资源共享和业务协同，推动城市管理和服务智慧化，提升城市运行管理和公共服务水平，提高城市居民幸福感和满意度，实现可持续发展的一种创新型城市。”

麦肯锡全球研究院（MGI）2018 年发布的研究报告《智慧城市：数字技术打造宜居家园》① 表明，智慧城市通过将数字技术融入城市现有的系统当中，显著改善了居民生活质量，将城市生活质量指标提升 10%~30%。其中，在公共安全方面，智能应用将城市伤亡人数减少 8%~10%；在时间和便捷性方面，智能技术将通勤时间缩短 15%~20%；在健康方面，城市可借助智能技术减轻 8%~15% 的医疗负担等。

智慧城市是一个数字技术支持下的全面、完整、系统的城市系统，具有技术更新快、应用边界广、定制化程度高、区域性特征明显等特点。通过网络通信技术及新一代信息技术协同赋能，智慧城市更加具备感知互联、交互共享的能力，在智慧民生、数据中心服务、城市服务与管理、智慧安全等领域具有广阔的发展前景。为居民提供便捷的生活服务是智慧城市的重要功能之一。之前局部性的生活服务项目已经逐渐被纳入智慧城市的大系统。

4.1.2 国外智慧城市发展

（1）美国智慧城市建设情况

美国是智慧城市发展的先行者。1990 年，在旧金山召开的一次国际会议上，“全球网络”和“智慧城市”被作为会议主题。1991 年，麻省理工学院的教授提出“物联网”的概念。1998 年，时任美国副总统的艾伯特·戈尔提出“数字地球”的概念。2008 年 11 月，国际机器商业有限公司（IBM）提出“智慧星球”（Smart Planet）的概念，并于 2009 年 1 月向联邦政府正式提出在全国投资建设新一代智能型信息基础设施的建议，得到了政府和社会的肯定和重视。随后，美国的多个州和城市开展了智慧城市建设实践。

近年来，美国各级政府推出了一系列建设智慧城市的战略与政策。2015 年，美国联邦政府发布了《白宫智慧城市行动倡议》（*White House Smart Cities Initiative*）、《美国创新战略》（*A Strategy for American Innovation*）、《智慧互联社区框架》（*Smart and Connected Communities Framework*）等文件，提出了智

① 麦肯锡咨询公司 . 智慧城市：数字技术打造宜居家园 [EB/OL].（2018-06-13）[2022-09-05].https://www.mckinsey.com.cn/%e6%99%ba%e6%85%a7%e5%9f%8e%e5%b8%82%ef%bc%9a%e6%95%b0%e5%ad%97%e6%8a%80%e6%9c%af%e6%89%93%e9%80%a0%e5%ae%9c%e5%b1%85%e5%ae%b6%e5%9b%ad/.

慧城市的发展愿景、方向、技术路线、重点领域及实施计划。

美国的智慧城市发展以企业和产业为主导，以企业创新为核心力量，利用企业的资金和技术优势，建立先进的智慧城市体系。

美国的智慧城市非常注重市民服务，着力解决城市中最受市民关注的热点问题，如缓解交通拥堵、减少犯罪、促进可持续发展等，并提供重要的城市服务。2016 年 2 月，美国总统科学与技术顾问委员会提交了《科技与未来城市报告》（*The Report on Technology and the Future of Cities*）[①]，提出注重智慧城市硬件设施的建设，强调利用新兴信息科技完善交通、能源、建筑与住房、水资源、城市农业、城市制造业等城市核心基础设施，同时加强智慧城市教育、健康、社会服务等“软环境”的建设。

2016 年，埃信华迈（IHS Markit）咨询公司联合美国市长联盟针对美国智慧城市发展情况开展深入调研[②]，采用调查问卷的方式，对美国 28 个州的 54 个城市在 2015—2017 年正在实施以及规划实施的 794 个智慧城市项目（其中，335 个智慧城市实施项目和 459 个智慧城市规划项目）进行调研分析，数据显示智慧城市的主要建设领域为交通运输、能源和资源节约、基础设施建设、政务管理、安全和安保、医疗保健等方面。

经过十几年的发展，现在美国智慧城市的建设质量、规模、服务水平和运营收益均处于世界领先水平。

（2）欧洲智慧城市建设情况

欧洲智慧城市的建设可回溯到 2000 年。在 2000—2005 年“E-Europe”行动计划和 2005 年“i2010”战略的基础上，欧盟于 2009 年提出了“欧洲智慧城市计划”，于 2011 年推出了“智慧城市和社区开拓计划”。2012 年，欧盟发起了“智慧城市和社区的欧洲创新伙伴关系”计划[③]，该计划已成为欧盟在智慧城市领域中最为核心的建设措施，并在特定的城市开展示范项目。

除了关注民生领域，建设绿色智慧城市也是欧洲智慧城市建设的主要特点，

① 王波，甄峰，卢佩莹 . 美国《科技与未来城市报告》对中国智慧城市建设的启示 [J]. 科技导报，2018，36（18）：30-38.

② 刘杨，龚烁，刘晋媛 . 欧美智慧城市最新实践与参考 [J]. 上海城市规划，2018（1）：12-19.

③ 童腾飞，宋刚，刘惠刚 . 欧洲智慧城市发展及其启示 [J]. 办公自动化，2015（7）：6-13.

以智慧城市的建设助力其实现市民生活便利、环境资源保护、经济繁荣增长的可持续发展成为欧洲智慧城市建设的重要目标。

维也纳理工大学区域科学中心团队就欧盟 28 个国家内人口超过 10 万的 468 个城市进行了城市智慧化的深入调研，研究发现，欧盟城市中智慧城市的比例高达 51%[①]。

欧洲各国在智慧城市基础设施建设、智能技术、公共服务、交通及能源管理等领域均取得了很大的发展，并在建设可持续智慧城市方面居于世界领先地位。

（3）日本、韩国、新加坡等国智慧城市建设情况

日本的智慧城市建设是在数字社会建设基础上发展起来的。在 20 世纪 90 年代以来的 IT 立国战略、2001 年的“E-Japan”战略、2006 年的“U-Japan”战略基础上，日本于 2009 年升级推出“I-Japan 战略 2015”，制定了 2015 年日本的信息技术发展目标，表达了实现以人为本的数字化社会的理念。以 2010 年经济产业省的《下一代能源与社会体系计划》方案为代表，在过去 10 年，政府不同部门针对各自的主管领域制定顶层规划，确定智慧城市发展的战略和重点。2016 年，日本政府颁布了《第五期科学技术基本计划》，该计划提出了超智能社会“社会 5.0”的概念，不仅提出要提高工业产业的智慧化水平，还提出要提升民众生活的便捷性，以应对日本社会突出的少子化、高龄化、偏远地区生活困难等问题，并促进环境、能源、教育、医疗等领域的可持续发展。

日本的智慧城市建设围绕以人为本和生态优先的理念，紧密结合本国国情，以注重产业创造与整合为特点，摸索出了一套由地产商牵头，整合金融、设计、制造、产品等多个领域的企业形成市场合力，共同打造全链条的智慧社区的模式。这个全链条的智慧社区注重夯实基础设施建设，将交通、农业、公共健康、能源、医疗、教育、健康等领域进行整合，以网格化和智能化管理的手段，提供高效的公共服务。

韩国在 2002 年提出“E-Korea”战略，2004 年提出“IT 839”战略和“U-Korea”战略，并于 2006 年确定“U-Korea”总体规划，2009 年提出

① MANVILLE C，COCHRANE G， CAVE J， et al. Mapping smart cities in the EU[EB/OL].（2015-05-27）[2022-09-05]. https://geospatialworldforum.org/speaker/SpeakersImages/Catriona%20Manville.pdf.

“U-City”计划，将智慧城市建设上升至国家战略层面。韩国智慧城市的发展大致可分成 4 个阶段[①]：一是智慧城市推进之前开展的各种相关基础项目阶段；二是智慧城市基础设施的建设阶段；三是智慧城市的信息与系统连接阶段；四是智慧城市的信息与系统连接阶段，主要应用在智能行政、智能预防犯罪与防灾、智能交通、智能经济、智慧能源环境、智能医疗、智能教育、智能服务等方面。现在韩国智慧城市发展已进入第 4 阶段。

新加坡于 1992 年提出了“IT2000- 智慧岛计划”，计划在 2000 年将新加坡建设成智慧岛屿，后续于 2006 年启动了“智能国 2015”发展蓝图，2014 年又提出“智慧国 2025”计划，规划建设更加快捷、先进的数字化服务平台。因为其城市国家的特点，新加坡的智慧国涵盖了单纯的智慧城市所无法包罗的内容，如国防和外交关系等，并在电子政府、公共交通、医疗卫生、信息安全、社区治理、环境保护和政府管理等方面都进行了试点和探索，在智慧化的公共治理方面积累了值得借鉴的经验[②]。

（4）国外智慧城市建设的典范：维也纳

奥地利首都维也纳是近年智慧城市建设的典范，数次位于多家国际权威机构所发布的全球智慧城市排名的前列。在罗兰贝格管理咨询公司发布的 2017 年、2019 年两期“智慧城市战略指数”排名中，维也纳均在全球选出的近百个城市中位居榜首。其智慧城市建设在城市管理、绿色节能、生活宜居等方面取得了突出的成就，在提升居民生活质量方面尤为突出。维也纳自 2018 年以来连续两年被《经济学人》评选为“全球最宜居城市”，很大程度上要归功于其智慧城市的建设。

2011 年，维也纳提出了“智慧城市维也纳”计划，希望成为欧洲智慧研究和技术的领导者。2014 年，维也纳市政府发布了《维也纳智慧城市战略框架（2014—2050 年）》，该框架围绕现状分析、战略制定、政策机制、项目实施、监测与评估、政府与利益相关者协商等 6 大步骤开展智慧城市建设，以支撑维也纳 2050 年可持续发展目标的实现。

---

① INVEST KOREA. 韩国智慧城市的各阶段促进状况及今后方向 [EB/OL].（2018-11-01）[2022-09-05]. https://www.investkorea.org/ik-ch/bbs/i-510/detail.do?nttsn=478645.

② 马亮 . 大数据技术何以创新公共治理？——新加坡智慧国案例研究 [J]. 电子政务，2015（5）：2-9.

维也纳的智慧城市战略框架始终把宜居和城市可持续发展放在首位。在最新版的《维也纳智慧城市战略框架（2019—2050 年）》中，提出为每个人提供高质量的生活、最大限度地节约利用资源、在各个领域进行社会和技术创新 3 大策略，并根据这 3 大策略提出了 7 大目标（表 4-1），进而细分了 12 个专项领域的 65 项子目标（表 4-2）。

表 4-1 《维也纳智慧城市战略框架（2019—2050 年）》中提出的 3 大策略和 7 大目标

策略	目标
生活质量	世界上生活质量和生活满意度最高的城市
	在政策制定和社会治理中遵循社会包容原则
资源保护	本地的人均温室气体排放量到 2030 年减少 50%，到 2050 年减少 85%（以 2005 年为基准年）
	本地的人均最终能源消耗到 2030 年减少 30%，到 2050 年减少 50%（以 2005 年为基准年）
	人均消费的物质足迹到 2030 年减少 30%，到 2050 年减少 50%（以 2005 年为基准年）
社会和技术创新	到 2030 年成为创新领导者
	成为欧洲的数字化之都

资料来源：维也纳市政府《维也纳智慧城市战略框架（2019—2050 年）》。

表 4-2 《维也纳智慧城市战略框架（2019—2050 年）》中提出的 12 个专项领域的 65 项子目标

专项领域	子目标
能源供应	能源安全保持高水平
	建立以可再生能源为基础并支撑分散能源供应的智慧电网
	市政范围内的可再生能源生产到 2030 年增加一倍
	到 2030 年，最终能源消耗中的 30%来自可再生能源，到 2050 年提升至 70%
交通运输	交通运输的人均二氧化碳排放量到 2030 年下降 50%，到 2050 年下降 100%
	交通运输的人均最终能源消耗量到 2030 年下降 40%，到 2050 年下降 70%
	通过绿色交通方式（包括共享出行）的出行比例到 2030 年提升至 85%，到 2050 年提升至 85%以上
	私人汽车拥有量到 2030 年下降至 250 辆/千人
	所有出行中，不少于 70%是 5 千米以内的短距离出行（以骑自行车和步行为主）
	穿越城市边界的交通量到 2030 年下降 10%
	市政范围内的商业交通到 2030 年基本不排放二氧化碳

续表

专项领域	子目标
建筑	建筑物供暖、制冷和热水的人均最终能源消耗量每年下降 1%，相关的人均二氧化碳排放量每年下降 2%
	从 2025 年起，新建建筑的供暖能源使用可再生能源或区域供暖
	建筑物使用绿电
	从 2030 年起，新建和改建项目的规划和建设要针对特定地点和用途而设计，以最大限度地节约资源
	到 2050 年，拆除和重大改建项目产生的 80%的建筑部件和材料可被再利用或回收
数字化	作为联合数字化战略的一部分，市政当局及其关联企业使用数字数据、数字工具和人工智能，以节约资源并维持城市的高质量发展
	市政当局及其关联企业的所有流程和服务到 2025 年实现数字化，并在可能的情况下实现完全自动化
	拥有基于需求的现代化数字基础架构，实现节能高效运营
	使用数字数据支持决策和城市系统的实时管理
	在公开政府领域使用数字工具提高透明度，促进参与并成为先锋
	积极开放政府数据，尤其是用于科学、学术及教育领域的数据
	积极与第三方专业机构开展合作，在基于实践的“城市数字实验室”中试行数字应用程序、技术和基础设施，并为在整个城市中推广做好准备工作
经济与就业	城市经济的生产力不断提高，支撑城市繁荣发展，提高资源利用效率和竞争力
	市民的收入和工作满意度不断提高，社会不平等现象有所减少
	经济效率到 2030 年提高 30%
	制造的产品经久耐用且可回收，进行清洁生产
	到 2030 年，成为资源节约型循环经济的典范并在全球享有盛誉，能够吸引该领域的投资和人才
水与废弃物管理	采取多种废弃物预防措施，避免废弃物产生
	废弃物收集系统更加完善，更多的废弃物可以作为辅助原料进行回收或再利用
	确保废弃物管理的高标准和可靠性，安全地处置废弃物，最大限度减少环境负担
	对供水和废水管理基础设施进行高标准的维护和运营
	保证尽可能多的雨水返回当地的自然或接近自然的水循环中

续表

专项领域	子目标
环境	绿色空间占比到 2050 年保持在不小于 50%
	根据人口增长打造更多休闲区域
	为现有城市结构内的不同目标群体提供本地绿色和开放空间，并与人口增长保持同步
	保持土壤的自然功能
	促进生物多样性
	减少空气污染、水污染、土壤污染、噪声污染、热污染和光污染
	促进可持续食品体系发展，食物供应主要来自当地及周边地区，鼓励生产有机食物
医疗保健	人口的预期健康寿命到 2030 年增加两年
	提供高质量的医疗服务
	支持健康、积极的老龄化——保证需要照料的维也纳市民能够在家或尽可能离家近的地方得到高质量的护理
	在个人和组织层面提升健康素养
	保护所有社会群体，特别是弱势群体，使其免受与气候变化有关的健康风险
社会融入	促进城市的多元化发展，促进两性平等，并为所有居民提供参与社会生存的机会
	通过投资公共基础设施，加强社区凝聚力和培养城市能力，提供高质量的生活和舒适性的社会环境
	继续提供充足而优质的补贴住房，以减少因住房成本负担过重的人口比例
	创造公平的工作条件，提高工资收入，推行社会福利计划，从而使所有人享有体面的生活
	所有公民都可以使用数字化的市政服务
教育	保证每个人能够尽早享有低门槛、优质、包容的教育资源，并在义务教育之后能够继续接受教育
	到 2030 年，将在全市范围内建立一个学习社区网络，以创建适应当地社区、团体和生活方式的学习空间
	制定全面、基于需求、具有包容性的数字教育计划
	制定各种各样的公众参与计划，丰富市民的艺术生活，拓展市民的文化视野
	在所有教育机构中，要把提升对于可持续、资源高效发展的认识作为必要的教学目标之一
	教育、培训和资格认证方案与时俱进，工作人员具备应用新的智能化手段的专业知识和技能
科学研究	到 2030 年，成为欧洲 5 大研究和创新中心之一
	吸引顶尖的国际研究人员和跨国公司的研究部门
	通过由项目主导的大规模研究与创新建设，推动社会生态转型
	市政当局、高等教育和研究机构、公司和最终用户合作，应对与智慧城市有关的具体挑战，解决相关问题

续表

专项领域	子目标
参与	与居民合作，持续制定和完善参与标准，提高总体参与度
	保证所有社会团体都有机会参与共建智慧城市
	开发并使用各种工具，支持公众对预算和公共资金使用的发言权
	保证所有人都有参与智慧城市的机会
	建立邻里级的“城市实验室”，试验智慧城市的创新方法和流程，并建立参与者和利益相关者的连接网络

资料来源：维也纳市政府《维也纳智慧城市战略框架（2019—2050 年）》。

（5）总结

通过上述对各国智慧城市建设的概述可以看出，工业化已经成熟的发达国家均在近十几年将“智慧城市”作为城市发展的新动力和目标，而生态环境和市民生活是各个国家和城市“智慧城市”建设的重点内容。在市民生活方面，提升管理水平和提供便捷的服务是“智慧城市”的重点。

4.1.3　国内智慧城市发展

随着中国经济的快速增长、人民对城市生活水平要求的不断提高、政府对城市治理现代化的日益重视，中国的城市化进程不断被赋予新的内涵、新的要求和新的可能性。近些年，以信息技术的快速发展为契机，智慧城市成为中国通过信息技术提高城市发展水平的一个重要国家战略。

中国的智慧城市建设是以人民的需求为导向，通过政府的强力推动、科研单位和企业的积极响应发展起来的。近 10 年，中央政府出台了一系列关于智慧城市建设的政策性文件，对智慧城市的发展起到了决定性作用。

2012 年，住房城乡建设部发布《国家智慧城市试点暂行管理办法》《国家智慧城市（区、镇）试点指标体系（试行）》，开始国家智慧城市试点工作，到 2015 年共发布了 3 批试点名单。

2013 年 8 月，国务院发布《关于促进信息消费扩大内需的若干意见》，从加快信息基础设施演进升级、增强信息产品供给能力、培育信息消费需求、提升公共服务信息化水平、加强信息消费环境建设 5 个方面提出了促进信息消费的主要任务。

2014 年 3 月，国务院发布《国家新型城镇化规划（2014—2020 年）》，首次将智慧城市建设引入国家战略规划，将智慧城市建设作为推动新型城市建设的核心理念之一，提出了信息网络宽带化、规划管理信息化、基础设施智能化、公共服务便捷化、产业发展现代化、社会治理精细化的智慧城市建设方向。

2014 年 8 月，国家发展改革委联合 7 部门发布《关于促进智慧城市健康发展的指导意见》，提出了智慧城市关于公共服务便捷化、城市管理精细化、生活环境宜居化、基础设施智能化、网络安全长效化的发展目标。

2015 年 10 月，国家标准委、中央网信办、国家发展改革委发布《关于开展智慧城市标准体系和评价指标体系建设及应用实施的指导意见》，提出了“建立并完善智慧城市评价指标体系”的主要目标。

2016 年 2 月，国务院发布《关于进一步加强城市规划建设管理工作的若干意见》，提出：“推进城市智慧管理。加强城市管理和服务体系智能化建设，促进大数据、物联网、云计算等现代信息技术与城市管理服务融合，提升城市治理和服务水平。加强市政设施运行管理、交通管理、环境管理、应急管理等城市管理数字化平台建设和功能整合，建设综合性城市管理数据库。推进城市宽带信息基础设施建设，强化网络安全保障。积极发展民生服务智慧应用。到 2020 年，建成一批特色鲜明的智慧城市。通过智慧城市建设和其他一系列城市规划建设管理措施，不断提高城市运行效率。”

2016 年 3 月，国务院发布《中华人民共和国国民经济和社会发展第十三个五年规划纲要》，将建设智慧城市列为新型城镇化建设的重要方向。

2016 年 8 月，国家发展改革委、中央网信办联合发布《新型智慧城市建设部际协调工作组 2016—2018 年任务分工》，围绕此工作发布《关于组织开展新型智慧城市评价工作务实推动新型智慧城市健康快速发展的通知》《新型智慧城市评价指标》等文件。

2016 年 12 月，国务院发布《“十三五”国家信息化规划的通知》，正式提出新型智慧城市建设行动，明确牵头单位为国家发展改革委和中央网信办。

在大数据方面，2017 年 1 月，工业和信息化部发布《大数据产业发展规划

（2016—2020 年）》，提出“到 2020 年，技术先进、应用繁荣、保障有力的大数据产业体系基本形成，大数据相关产品和服务业务收入突破 1 万亿元，年均复合增长率保持 30% 左右”的发展目标。

在人工智能方面，2017 年 7 月，国务院发布《新一代人工智能发展规划》；12 月，工业和信息化部发布《促进新一代人工智能产业发展三年行动计划（2018—2020）》。

在智慧政务方面，2017 年 12 月，中央网信办、国家发展改革委会同有关部门联合发布《关于开展国家电子政务综合试点的通知》，提出对建立统筹推进机制、提高基础设施集约化水平、促进政务信息资源共享、推动“互联网 + 政务服务”、推进电子文件在重点领域规范应用 5 大方面共 13 项具体任务进行重点探索。

在智慧社会服务方面，2019 年 12 月，国家发展改革委、教育部、民政部、商务部、文化和旅游部、卫生健康委、体育总局 7 部门联合发布《关于促进“互联网 + 社会服务”发展的意见》，提出以数字化转型扩大社会服务资源供给、以网络化融合实现社会服务均衡普惠、以智能化创新提高社会服务供给质量、以多元化供给激发社会服务市场活力、以协同化举措优化社会服务发展环境 5 个主要意见，推动社会服务向便捷智慧发展。

在智慧交通方面，2017 年 1 月，交通运输部发布《推进智慧交通发展行动计划（2017—2020 年）》，提出到 2020 年实现基础设施智能化、生产组织智能化、运输服务智能化、决策监管智能化 4 个方面的目标。同年 9 月，交通运输部发布《智慧交通让出行更便捷行动方案（2017—2020 年）》。

智慧城市建设正在中国蓬勃开展，自 2012 年开展国家智慧城市试点工作以来，入选国家智慧城市试点的城市和地区不断增加，已经超过 500 个，大多分布在环渤海沿岸和长三角城市群[①]。目前，智慧城市试点和建设呈现出分级建设、多点开花、提质增效的发展趋势。智慧城市已经从新型智慧城市建设的准备期向起步期和成长期过渡，处于起步期和成长期城市的占比已从 2016 年的 57.7% 增

① 蓝海长青智库. 德勤全球智慧城市 2.0 报告发布 [EB/OL].（2021-12-08）[2022-09-11]. https://m.163.com/dy/article/GQNBVQ850511DV4H.html.

长到 80%（2017 年），而处于准备期的城市占比则从 42.3% 下降到 11.6%[①]，许多城市新型智慧城市建设的工作重心已从整体规划向全面落地过渡。

中国智慧城市的建设同世界各国一样，均致力于生态环保和人民宜居这两个当下社会的主要目标，更加注重通过智慧手段提升城市治理的现代化和人性化，提高管理能力和服务水平，科学应对现实问题。

2020 年 10 月通过的《中共中央关于制定国民经济和社会发展第十四个五年规划和二〇三五年远景目标的建议》，为中国中远期的经济和社会发展做出了全面部署，其中包括建设数字中国、统筹推进基础设施建设等重要方向。

① 新华社新媒体 . 报告：大量城市已从新型智慧城市建设准备期向起步期、成长期过渡 [EB/OL].（2020-01-14）[2022-09-11]. https://baijiahao.baidu.com/s?id=1655706034726082104&wfr=spider&for=pc.

4.2 国内外智慧城市评价体系综述

为了保证智慧城市目标落地，世界各地很多不同的城市或机构建立了智慧城市评价体系，用以指导实际工作，评估工作绩效。这些评价体系均以科学适用的指标体系为核心，评价方法各异，以期对阶段性的建设工作起到监督和指导的作用，并最大限度地评估智慧城市建设的真实情况。

以下简述国内外智慧城市评价体系，梳理框架，指导本书智慧生活服务体系框架的建立。

4.2.1 国外智慧城市评价体系

（1）智慧社区论坛评价体系

智慧社区论坛（Intelligent Community Forum，ICF）起源于 1985 年的智慧社区运动，总部设在纽约，致力于研究信息技术对 21 世纪城市经济和社会发展的挑战。ICF 的评估体系旨在评估各社区的发展水平，以评选出年度最佳智慧社区[①]。

ICF 的评估体系分为 5 个维度，在此基础上细分成 18 项二级指标，见表 4-3 。

表 4-3 ICF 评价体系一级、二级指标

一级指标	二级指标
宽带连接	开发政策
	政府网络
	公私关系
	暗纤、开放式接入网络
	直接竞争

① 中国软件评测中心 . 智慧城市评估指标体系研究报告 [EB/OL].（2013-01-11）[2022-09-11]. https://wenku.baidu.com/view/e7edef43c850ad02de804153.html?_wkts_=1681369698406.

续表

一级指标	二级指标
知识型劳动力	协调性资产
	创造性资产
	创造知识工作的文化
创新	减少官僚主义负荷
	建立人才输送渠道
	扩大融资渠道
	开展电子商务
数字包容	接入
	承担能力
	技能
	应对挑战
营销和宣传	营销
	宣传

资料来源：参照中国软件评测中心，《欧盟智慧城市评估指标体系》，第 15 页。

（2）欧盟中等规模城市智慧城市评价指标体系

欧盟中等规模城市智慧城市评价指标体系由维也纳工业大学区域科学中心提出，是学术界最有影响力的智慧城市评价体系之一。该体系包括 3 大元素以及 6 大主题（图 4-1）。3 大元素分别为科技因素、体制因素以及人为因素。其中，科技因素主要包括物理基础设施、智能技术、移动技术、虚拟技术、数字网络等；体制因素主要包括治理、政策、法律法规等；人为因素主要包括人文社会和社会资本等。6 大主题包括智慧治理、智慧经济、智慧移动、智慧环境、智慧公众和智慧生活。基于 6 大主题设立了 31 个二级指标和 74 个三级指标，以智慧程度为衡量标准对城市进行评估[①]。

① MANVILLE C，COCHRANE G， CAVE J， et al. Mapping smart cities in the EU[EB/OL].（2015-05-27）[2022-09-12]. https://geospatialworldforum.org/speaker/SpeakersImages/Catriona%20Manville.pdf.

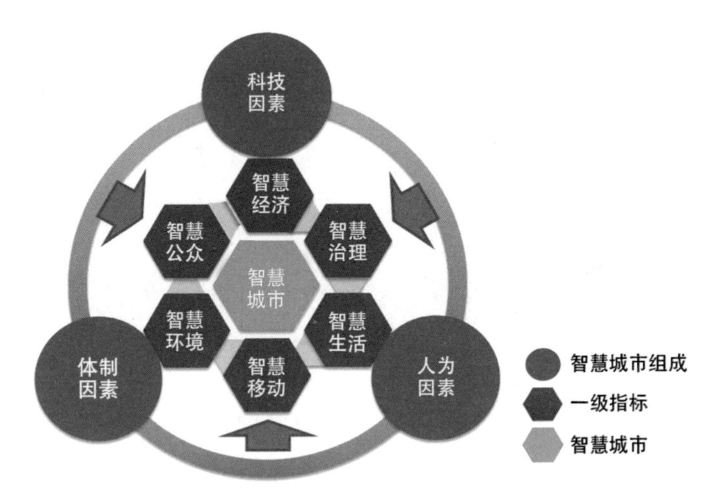

图 4-1　欧盟中等规模城市智慧城市评价指标体系的 3 大元素及 6 大主题

（来源：*Mapping Smart Cities in the EU*，第 5 页）

（3）德勤超级智能城市 2.0 评价体系

德勤一直致力于推动智慧城市的发展，积累了全球超过 100 多个智慧城市项目的建设案例和经验。2019 年底，德勤发布了《超级智能城市 2.0 人工智能引领新风向》。报告从全球视角审视智慧城市的发展，探讨全球以及中国的智慧城市发展状况和成功经验，选取中国 26 个智慧城市进行系统分析总结，更新了超级智能城市的评价体系 2.0。

德勤提出可从 4 方面对智慧城市进行评价：一是政府的战略规划，反映政府发展智慧城市的意愿；二是足够的技术基础，支撑智慧城市建设；三是智慧城市理念已经渗透的领域，反映发展的阶段性成果；四是城市拥有的可持续创新能力，预示未来智慧城市的发展前景（图 4–2）。

德勤提出智慧城市建设要把经济增长、生活质量和可持续性作为发展目标，着重考虑战略、数据、科技、能力、开放、创新、生态、方案、安全这 9 个方面的内容（图 4–3），同时注重城市的自身特色与实际需求。评价指标主要分为智能城市战略、技术能力、领域渗透、创新能力 4 部分，其中的“领域渗透”部分包括智能经济、智能安防、智能生活、智能交通、智能教育、智能环境 6 个方面（图 4–4）。

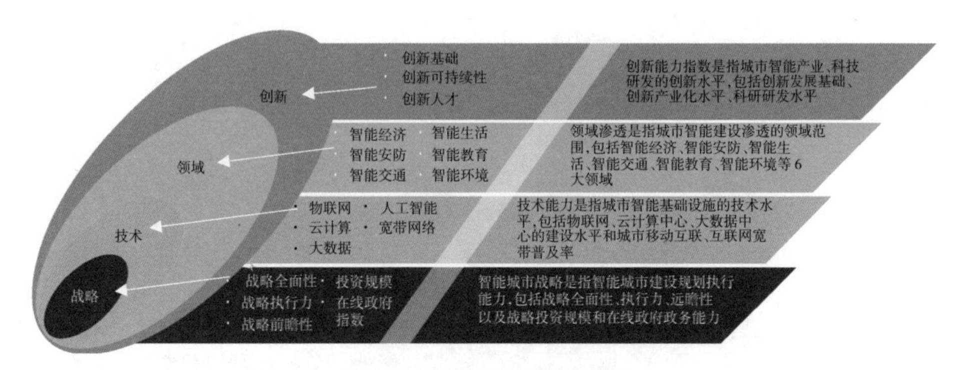

图 4-2　超级智能城市评价模型

（来源：德勤，《超级智能城市 2.0 人工智能引领新风向》，第 16 页）

（4）罗兰贝格智慧城市战略指数

2019 年 3 月，全球著名的战略管理咨询公司罗兰贝格发布了《智慧城市的突破性发展》[①] 报告，该报告更新了智慧城市战略指数 2019 版。罗兰贝格的智慧城市战略指数分为两大指标：一是行动范围，包括政府管理、医疗健康、教育、交通、能源与环境、建筑 6 个一级指标；二是推动因素，包含规划、基础设施与政策两大部分，又将其进一步细分，涵盖了预算、规划、协调、利益相关方、政策与法律框架、基础设施等 6 个一级指标。

较之 2017 年罗兰贝格发布的《智慧城市，智能战略》，本次报告在 250 个国家中选出了 153 个发布智慧城市官方战略的城市，利用 12 个一级指标和 31 个二级指标对智慧城市战略指数进行打分，每个二级指标根据其重要性单独加权，每项满分为 100 分（图 4–5）。名次位于前 15 名的城市中，以亚洲的城市居多，中国列入其中的城市有上海（排名第 6）、广州（排名第 14）。

（5）IBM 智慧城市评价标准

2009 年，IBM 首次提出了“智慧城市”概念，在《智慧的城市在中国》白皮书中提到智慧城市的 4 大特征：① 全面物联，即智能传感设备将城市公共设施物联成网，实时感知城市运行的核心系统；② 充分整合，即物联网与互联网系统完全连接和融合，将数据整合为城市核心信息的运行全图，提供智慧的基础建设；③ 激励创新，即鼓励政府、企业和个人在智慧基础设施上进行科技和业

① 罗兰贝格 . 智慧城市的突破性发展 [R]. 上海：罗兰贝格亚太总部，2019.

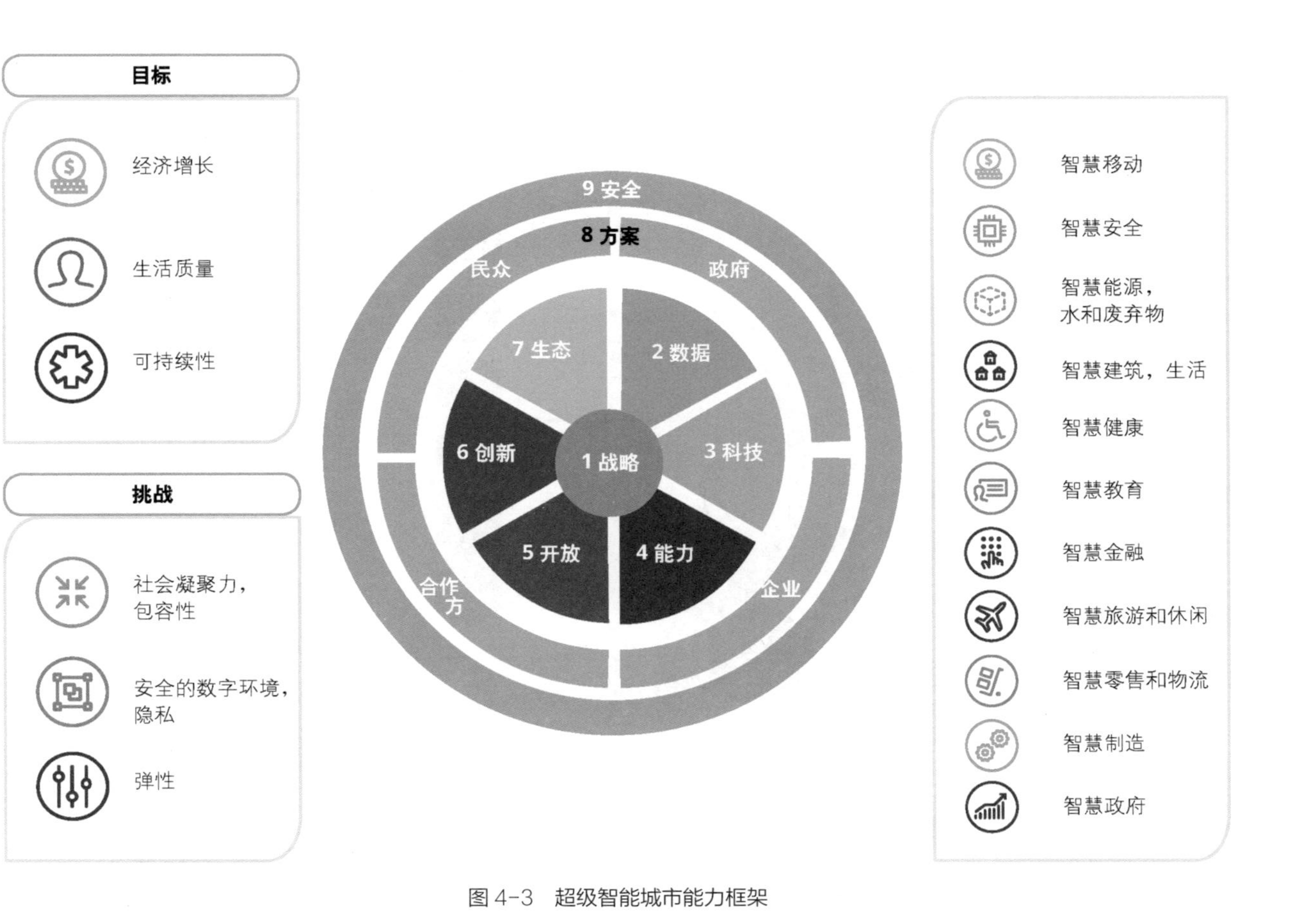

图 4-3　超级智能城市能力框架

（来源：德勤，《超级智能城市 2.0 人工智能引领新风向》，第 44 页）

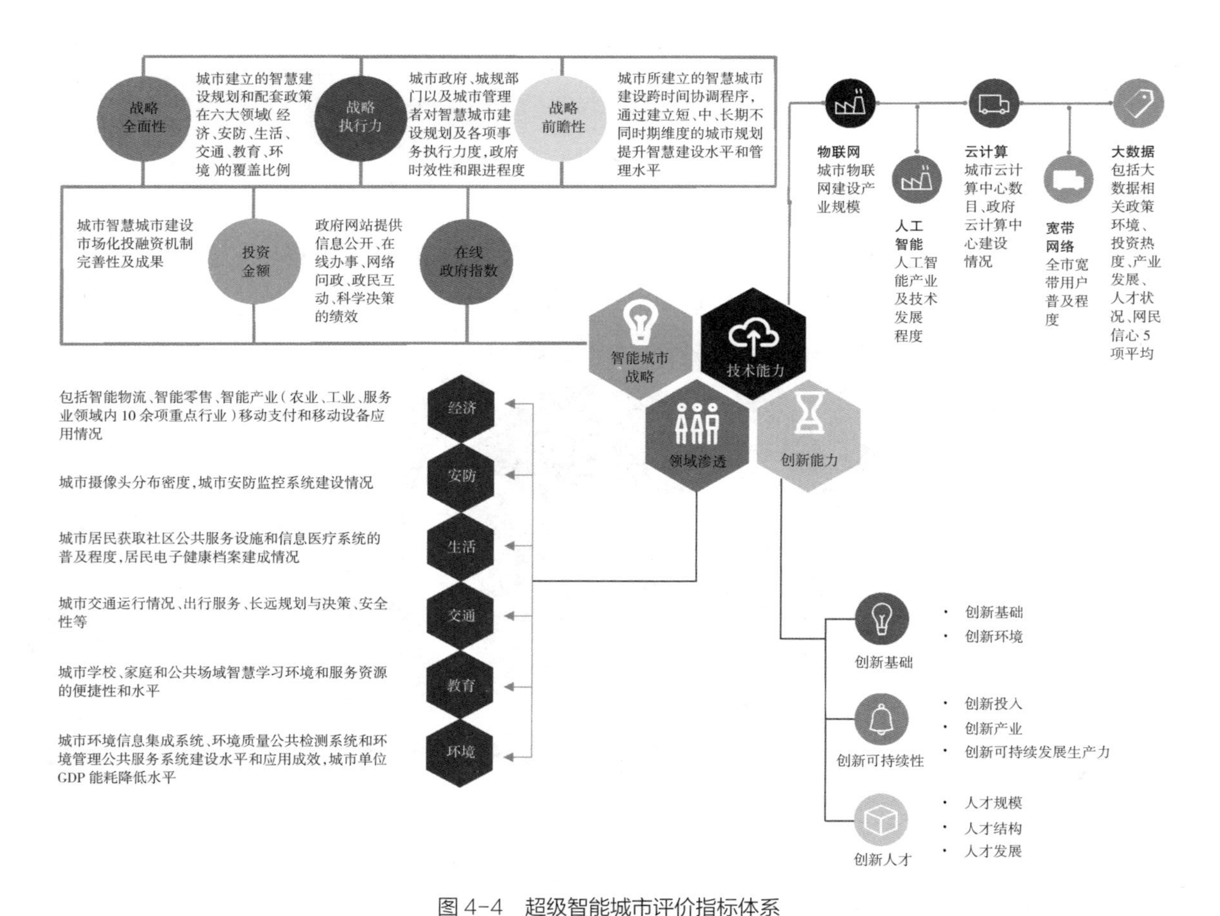

图 4-4 超级智能城市评价指标体系

（来源：德勤，《超级智能城市 2.0 人工智能引领新风向》，第 49 页）

务的创新应用，为城市提供源源不断的发展动力；④ 协同运作，即基于智慧的基础设施，城市的各个关键系统和参与者和谐高效地协作，达到城市运行的最佳状态。

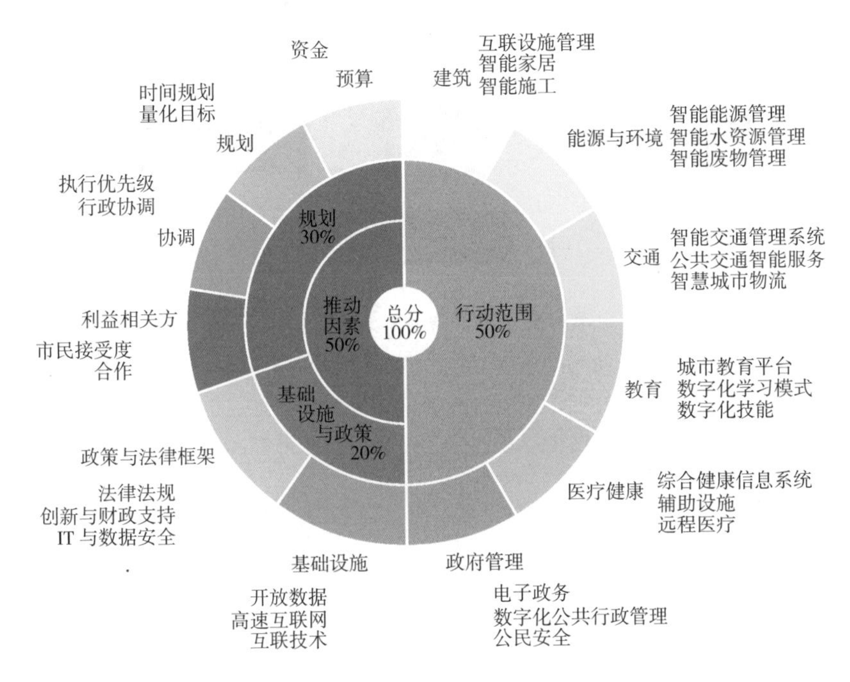

图 4-5　罗兰贝格智慧城市战略指数
（来源：罗兰贝格，《智慧城市的突破性发展》，第 7 页）

IBM 认为城市是由组织（人）、业务（政务）、交通、通信、水和能源这 6 大系统相互协作共同组成的（图 4-6）。基于上述 6 大系统，IBM 智慧城市评价标准指标体系由城市服务、市民、商业、交通、通信、能源、供水 7 个一级指标系统组成，每个一级指标系统下分设 4 个二级指标。

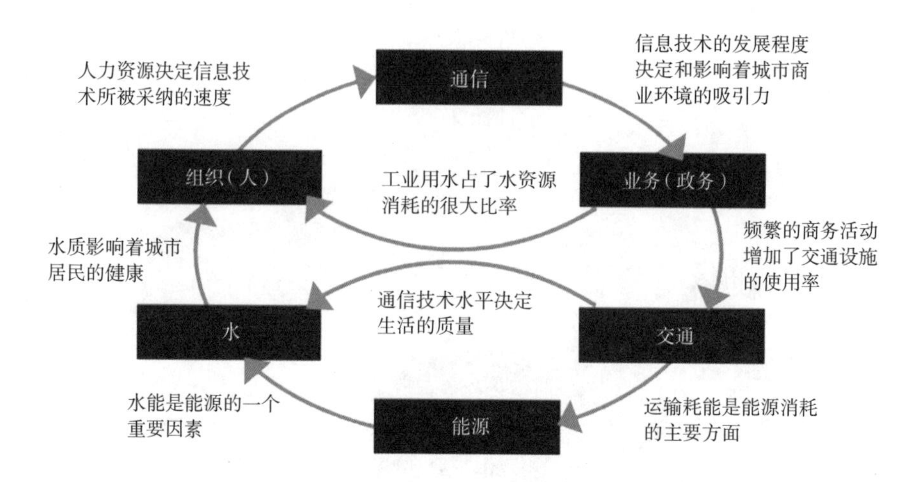

图 4-6 IBM 城市核心系统之间关系

（来源：经济发展研究中心）

4.2.2 国内智慧城市评价体系

随着中国智慧城市试点工作的推进，中国也制定了相应的智慧城市评价指标。

2015 年 10 月，国家标准委、中央网信办、国家发展改革委联合发布了《关于开展智慧城市标准体系和评价指标体系建设及应用实施的指导意见》（国标委工二联〔2015〕64 号）[①]，该指导意见以提升智慧城市建设水平为核心，初步提出智慧城市评价指标体系由能力类指标和成效类指标组成一级指标（图 4-7），每个一级指标下包含若干二级指标评价要素。2015 年到 2020 年通过试评价工作逐步完善智慧城市评价指标体系。2018 年，中国智慧城市整体评价指标体系初步建立。2020 年，智慧城市评价指标体系的全面实施和应用得以实现。

2018 年 12 月，国家发展改革委、中央网信办联合发布《关于继续开展新型智慧城市建设评价工作　深入推动新型智慧城市健康快速发展的通知》，提出《新型智慧城市评价指标（2018）》（以下简称“《评价指标（2018）》”）[②]。

① 国家标准委，中央网信办，国家发展改革委 . 关于开展智慧城市标准体系和评价指标体系建设及应用实施的指导意见 [EB/OL].（2015-10-22）[2022-09-15]. http://www.ibrc426.com/newsitem/277381211.

② 国家发展改革委，中央网信办 . 关于继续开展新型智慧城市建设评价工作　深入推动新型智慧城市健康快速发展的通知 [EB/OL]（2018-12-19）[2022-09-15]. http://hbdrc.hebei.gov.cn/common/ueditor/jsp/upload/20190123/ 48221548212177288.pdf.

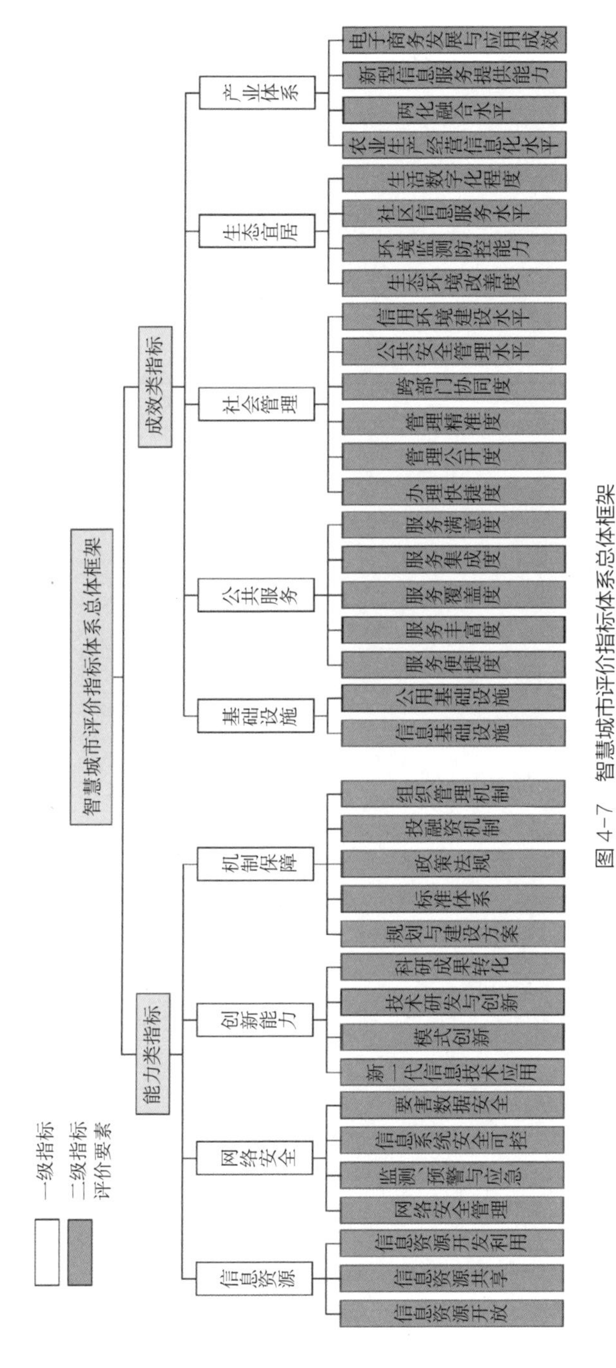

图4-7 智慧城市评价指标体系总体框架

（来源：《关于开展智慧城市标准体系和评价指标体系建设及应用实施的指导意见》）

相较于旧版（2016 版），《评价指标（2018）》指标更简单、便利、科学，更关注城市市民体验和智慧城市建设的实效。《评价指标（2018）》指标采取分级分类架构，主要由基础评价指标和市民体验指标（表 4-4）两部分组成。其中，基础评价指标重点评价城市发展现状、发展空间、发展特色，有 7 个一级指标，具体包括惠民服务、精准治理、生态宜居、智能设施、信息资源、信息安全、创新发展。市民体验指标评估的主要形式为“市民体验调查”，通过调查市民的直接感受进行评价，旨在突出公众满意度和社会参与度。

表 4-4 《新型智慧城市评价指标（2018）》评价指标

一级指标	二级指标
惠民服务	政务服务
	交通服务
	社保服务
	医疗服务
	教育服务
	就业服务
	城市服务
	帮扶服务
	智慧农业
	智慧方向社区
精准治理	城市管理
	公共安全
	社会信用
生态宜居	智慧环保
	绿色节能
智能设施	宽带网络设施
	时空信息平台
信息资源	开放共享
	开发利用
信息安全	保密工作
	密码应用

续表

一级指标	二级指标
创新发展	体制机制
市民体验	市民体验调查

资料来源:根据政策文件整理。

4.3 国内外智慧城市中智慧生活服务应用领域比较分析

发达国家的城市以及中国比较先进的城市和地区大都在积极开展智慧城市的建设，将其定为城市现代化发展的关键任务和目标，经过20多年的发展，已经积累了一定的成果和经验。

虽然国内外不同城市建设智慧城市的具体内涵存在差异，发展模式也各不相同，但从建设内容来看，都主要包括城市基础设施的智能化转型升级和智慧应用服务的提供两大部分；从建设目标来看，都是一方面致力于应对全球化和可持续发展的重要议题，另一方面立足当下和自身，探索如何在各个不同的领域中整合运用先进的信息技术，提升城市服务水平，其中“更好地满足市民的生活服务需求”是不可或缺的重要目标。

“生活服务”这一目标体现在智慧城市的大多数应用领域中。根据调研，国内外智慧城市应用主要集中在智慧政府、智慧能源、智慧建筑、智慧教育、智慧安防、智慧交通、智慧医疗等方面。除了智慧能源外，其他领域均包含不同程度的生活服务的内容。从全球智慧城市市场份额占比来看，智慧教育、智慧交通和智慧建筑发展最为充分（图4-8）。

近年，中国的智慧城市建设全面铺开，试点城市数量已超出欧洲全域。最近几年，中国智慧城市的市场规模保持着30%以上的增长速度，主要集中在智慧物流、智慧建筑、智慧政务、智慧交通、智慧医疗、智慧家居等领域（图4-9），这些领域均包含很多生活服务的内容。其中，智慧物流、智慧建筑、智慧政务占据的市场份额较大，智慧医疗、智慧交通等和生活紧密相关的领域也在积极开展应用。

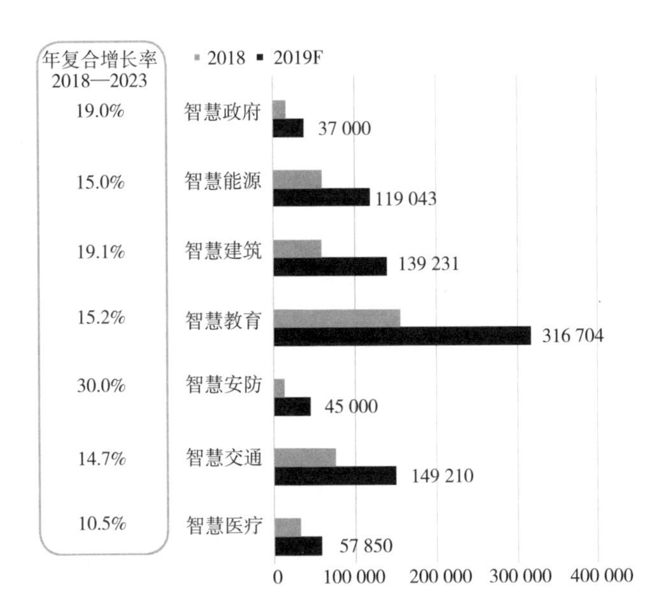

图 4-8　全球智慧城市市场份额（百万美元）

（来源：德勤，《超级智能城市 2.0 人工引领新风向》，第 9 页）

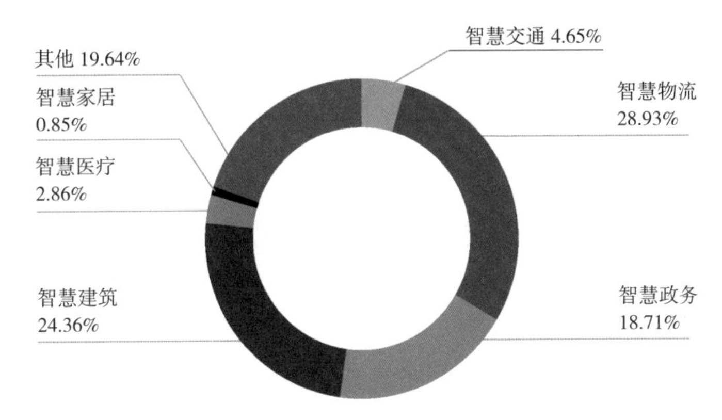

图 4-9　中国智慧城市市场份额比例（2018）

（来源：德勤，《超级智能城市 2.0 人工引领新风向》，第 10 页）

综合来看，国内外智慧城市在生活服务应用方面均在智慧社区（包括智慧建筑和智慧家居等）、智慧政务上投入较大，成果也比较明显，并大力发展更加细分的智慧养老、智慧旅游、智慧体育、新媒体、公共服务等应用。

从图 4-8 和图 4-9 可以看出，全球智慧教育占比最大，而中国的智慧教育还处于方兴未艾的阶段；中国的智慧医疗也有很大的发展空间。2020—2022 年蔓延全球的新冠疫情给这两个领域带来快速的发展。全球智慧交通的占比也相对中国较多。智慧交通可以实现城市的便捷出行，缓解拥堵，是生活服务的重要内容，也是中国智慧城市需要大力发展的领域。而智慧物流在中国占比达到约 29%，和智能支付一起，支撑了中国新型零售模式在全球的领军型发展。

当然，市场份额占比只是衡量生活服务应用领域发展程度的方法之一。党的十九大报告进一步提出了“智慧社会”的概念。“智慧社会”概念是对“智慧城市”概念的中国化和时代化[①]，是对“新型智慧城市”的理念深化和范围拓展，强调基于智慧城市使市民拥有更多的获得感和幸福感，再一次强调了智慧城市的发展要注重以人为本，强调市民在智慧城市建设过程中的参与行为[②]，对中国智慧城市生活服务应用领域的发展提出了更高的要求。

增加“人”的要素是智慧城市发展的趋势。早期的国外标准，如《IBM 智慧城市评价标准》更关注信息化产业和技术的发展，所设置的指标都是客观性指标，缺乏市民主观体验方面的指标。之后，《欧盟中等规模城市智慧城市评价体系》中的指标设定兼顾了技术、产业和市民体验，设置了诸如参与社会生活、开放意识与国际化、文化素养等方面的评价内容。而在中国的《新型智慧城市评价指标》（GB/T 33356—2022）中，惠民服务和市民体验两项指标权重之和在地级及以上城市、县及县级市的占比分别为 64%、65%，响应了国家顶层设计。

在重视市民体验、以提升人民群众的幸福感和满意度为核心方面，可借鉴和我们文化接近、发展较先进的亚洲城市。例如，韩国首尔市于 2012 年向低收入阶层免费发放智能手机，举办关于智能应用的培训，向公众开放政府数据；于 2013 年依据对 30 亿条夜间通话记录以及出租车行驶记录的大数据分析，制定智能夜班车路线规划；于 2017 年让市民参与决策，并采纳了 35 项市民提交的城市建设提案。

麦肯锡全球研究院（MGI）于 2018 年发布的研究报告《智慧城市：数字技

① 人民网 . 智慧社会为社会信息化指明方向（新知新觉）[EB/OL].（2018-01-24）[2022-09-17].http://finance.people.com.cn/n1/2018/0124/c1004-29783031.html.

② 展会展览 . 数字化未来：中国新型智慧城市发展的六大趋势 [EB/OL].（2021-07-06）[2022-09-17].https://baijiahao.baidu.com/s?id=1704499266629048476&wfr=spider&for=pc.

术打造宜居家园》，对 60 个智慧城市应用如何在不同类型的城市场景下发挥作用进行了研究，提出了智慧城市解决方案指南。报告分析指出，安全、时间、健康、环境质量、社会联系、就业、生活成本是影响居民生活质量的重要领域。该报告中对智慧城市市民体验的调查显示，中国的北京、上海、深圳的市民体验指标（包括综合认知、使用和满意度）居全球之首。国外北美城市的市民体验指标要好于欧洲和日本。但是，仍要认识到，中国的城市在家庭收入、空气质量、医疗服务、居住环境等方面的绝对水平还是落后的，中国智慧城市的发展仍将以社会的总体发展为基础，并在其中起关键性作用。

4.4 基于智慧城市的生活服务体系框架

4.4.1 基于智慧城市角度的生活服务体系框架

通过对国内外智慧城市发展及相关评价体系的分析可以得出，国内外智慧城市的建设主要聚焦在智慧社区 / 建筑、智慧交通、医疗卫生、智慧教育、环境与能源、政务治理、安全和安保、智慧经济、智慧生活等领域（见表 4-5）。其中，智慧社区 / 建筑、智慧交通、医疗卫生、智慧教育、安全和安保、智慧生活等领域与居民的日常生活服务息息相关，涉及智慧建筑、智慧家居、智慧医疗、智慧物流、智慧安防、智慧养老、智慧旅游、智慧体育、新媒体、新零售、智慧公共服务等具体的板块。

表 4-5 国内外智慧城市建设的重点领域

重点领域	美国	欧洲各国	日本	韩国	新加坡	中国
智慧社区/建筑	—	—	—	—	—	智慧社区
智慧交通	交通运输	智慧交通	智慧交通	智能交通	公共交通	交通服务
医疗卫生	医疗保健	—	智慧康护	智能医疗	医疗卫生	医疗服务
智慧教育	—	—	—	智能教育	—	教育服务
环境与能源	能源和资源效率、基础设施建设	智慧环境	智慧能源、智慧水务	智慧能源、环境	—	生态宜居、智能设施
政务治理	政务管理	智慧治理	—	智能行政	电子政府、政府管理、社区治理	政务服务、精准治理
安全和安保	安全和安保	—	—	智能预防犯罪与防灾	信息安全	信息安全
智慧经济	—	智慧经济	—	智能经济	—	—

续表

重点领域	美国	欧洲各国	日本	韩国	新加坡	中国
智慧生活	—	智慧生活	—	—	—	市民体验
其他	—	智慧公众	智慧农业	—	—	智慧农业、信息资源、创新发展、就业服务、城市服务

4.4.2　基于国民经济分类角度的生活服务体系框架

从服务经济、满足居民最终消费需求的角度来看，《生活性服务业统计分类（2019）》将生活性服务业分为居民和家庭服务、健康服务、养老服务、旅游游览和娱乐服务、体育服务、文化服务、居民零售和互联网销售服务、居民出行服务、住宿餐饮服务、教育培训服务、居民住房服务、其他生活性服务等12大领域。具体见本书第3章3.2.2的内容。

4.4.3　对于构建智慧城市的生活服务体系框架的总结

结合以上两个角度的内容分析，分别选取与居民生活服务密切相关的领域，通过分析汇总，可以建立基于智慧城市的生活服务体系框架，主要由智慧生活服务应用〔住宿餐饮服务、交通出行服务、医疗卫生服务、文化教育服务、旅游购物服务、体育（赛事保障）服务、城市基础服务〕和智慧生活服务支撑管理平台构成（见表4-6）。

表4-6　生活服务体系框架汇总

智慧生活服务管理平台	智慧生活服务应用	智慧城市发展及评价体系	《生活性服务业统计分类(2019)》	智慧城市生活服务应用
智慧生活服务支撑管理平台	住宿餐饮服务	智慧社区/建筑	住宿服务	智慧社区/建筑
		智慧生活	居民服务	智慧生活
		—	餐饮服务	智慧餐饮
	交通出行服务	智慧交通	—	智慧交通
			居民城市出行服务	智慧出行
			居民远途出行服务	
			—	智慧交通管理

续表

智慧生活服务管理平台	智慧生活服务应用	智慧城市发展及评价体系	《生活性服务业统计分类(2019)》	智慧城市生活服务应用
智慧生活服务支撑管理平台	医疗卫生服务	医疗卫生	医疗卫生服务	智慧医疗
			其他健康服务	智慧健康
	文化教育服务	—	新闻出版服务	新媒体
			广播影视服务	
			居民广播电视传输服务	
			文化艺术服务	
			数字文化服务	
		智慧教育	正规教育服务	智慧教育
		—	培训服务	—
	旅游购物服务	—	旅游游览服务	智慧旅游/休闲
			旅游娱乐服务	
			旅游综合服务	
			居民金融服务	智慧金融
			居民零售服务	智慧零售
			互联网销售服务	—
			物流快递服务	智慧物流
	体育(赛事保障)服务	—	体育服务	智慧体育
	城市基础服务	数字化、信息资源	居民互联网服务	—
		—	居民电信服务	智慧基础设施
		安全和安保	—	智能安防
		环境与能源	—	智慧能源

4.5　小结

智慧城市是智慧生活服务体系的承载平台，由于各个城市都在用智慧城市进行城市的智慧化管理，提供智慧化服务，所以智慧城市也是智慧生活服务应用和反馈的对象。

综合上述分析，本书构建的智慧生活服务体系框架包括智慧生活服务支撑管理平台和智慧生活服务应用两大部分，其中服务应用包含住宿餐饮服务、交通出行服务、医疗卫生服务、文化教育服务、旅游购物服务、体育服务、城市基础服务等方面的内容。

各个智慧生活服务应用领域与智慧生活服务支撑管理平台的发展相互融合，共同构成具有开放性、包容性和现实性的系统。

从理论层面来说，智慧生活服务体系框架的提出，一方面有利于丰富智慧城市建设的理论体系；另一方面有助于增加智慧城市建设的广度与深度，促进智慧生活服务水平的提升。从实践层面来说，智慧生活服务支撑管理平台能够系统化地整合其在生活服务方面的智慧应用，充分挖掘当前智慧城市发展背景下的生活服务需求和应用场景，可以有效促进各个领域的无缝衔接，调整服务发展模式，创造新的经济增长点。

第 5 章　城市生活服务需求的梳理——以面向北京 2022 年冬残奥会为例

5.1　本届冬残奥会赛前集训队对于生活服务的需求

5.1.1　北京 2022 年冬残奥会概述

2002 年，美国盐湖城第八届冬残奥会是中国第一次参加的冬残奥会。历经近 20 年的发展，参赛运动员和教练员规模不断扩大，具有中国特色的冬残奥会发展模式逐渐形成。

2022 年 3 月 4 日—13 日，北京 2022 年冬残奥会在北京举办，共设 6 个大项（残奥高山滑雪、残奥冬季两项、残奥越野滑雪、残奥单板滑雪、残奥冰球、轮椅冰壶）和 78 个小项。

根据国际残奥委会官网统计，北京 2022 年冬残奥会共计 46 个国家和地区的 558 名（男 422 名、女 136 名）运动员参加比赛。其中，残奥高山滑雪 167 人（男 115 人、女 52 人）、残奥越野滑雪 141 人（男 90 人、女 51 人）、残奥冬季两项 86 人（男 50 人、女 36 人）、残奥冰球 117 人（男 116 人、女 1 人）、轮椅冰壶 55 人（男 37 人、女 18 人）、残奥单板滑雪 75 人（男 61 人、女 14 人）。另外，残奥越野滑雪与残奥冬季两项的运动员大部分是相同的。

中国体育代表团总人数为 217 人，运动员 96 人（男 68 人、女 28 人），教练员、工作人员、竞赛辅助人员、医疗保障人员 121 人。各项目运动员情况如下[①]。

① 残奥高山滑雪 22 人，其中男 14 人、女 8 人。

② 残奥越野滑雪和残奥冬季两项 33 人，其中男 19 人、女 14 人。

③ 残奥冰球 18 人，其中男 17 人、女 1 人。

④ 轮椅冰壶 5 人，其中男 4 人、女 1 人。

⑤ 残奥单板滑雪 18 人，其中男 14 人、女 4 人。

北京 2022 年冬残奥会设有北京、延庆、张家口 3 个赛区。北京赛区承办所有冰上项目，延庆赛区和张家口赛区承办所有的雪上项目，共设置 5 个竞赛场馆（表 5-1）和 9 个非竞赛场馆（表 5-2）。

表 5-1　北京 2022 年冬残奥会竞赛场馆安排

赛区	竞赛场馆	建设类型	比赛项目	运动员残疾分类	金牌数
北京赛区	国家游泳中心	改造	轮椅冰壶	肢体残疾（下肢）	1
	国家体育馆	改造	残奥冰球	肢体残疾（下肢）	1
延庆赛区	国家高山滑雪中心	新建	残奥高山滑雪	肢体残疾、视力残疾	30
张家口赛区	云顶滑雪公园	改造	残奥单板滑雪	肢体残疾	8
	国家冬季两项中心	新建	残奥越野滑雪	肢体残疾、视力残疾	38
			残奥冬季两项		

① 北京冬残奥会中国体育代表团成立共 217 人（附名单）[EB/OL].（2022-02-21）[2022-09-17]https://baijiahao.baidu.com/s？ id=1725337601478954698&wfr=spider&for=pc.

表 5-2 北京 2022 年冬残奥会非竞赛场馆安排

赛区	非竞赛场馆	建设类型	场馆用途
北京赛区	北京冬残奥村	新建	运动员及随队官员居住
	国家会议中心	现有	主新闻中心、国际广播中心
	国家体育场	现有	开幕式、闭幕式
	北京颁奖广场	临建	颁奖
延庆赛区	延庆冬残奥村	新建	运动员及随队官员居住
张家口赛区	张家口冬残奥村	新建	运动员及随队官员居住
	张家口山地新闻中心	现有	新闻运行
	张家口山地转播中心	临建	媒体转播
	张家口颁奖广场	临建	颁奖

各冬残奥会项目简介如下。

1）残奥高山滑雪（延庆赛区）

残奥高山滑雪设立 5 个分项，每个分项又根据性别设立站姿组、坐姿组、视障组，共计 30 个小项，因残疾造成行动障碍和视觉障碍的男、女运动员均可参赛。2022 年 3 月 5 日—13 日，残奥高山滑雪比赛在延庆赛区国家高山滑雪中心举行。

2）残奥冬季两项和残奥越野滑雪（张家口赛区）

残奥冬季两项和残奥越野滑雪统称为残奥北欧滑雪，因残疾造成行动障碍和视觉障碍的男、女运动员均可参赛。残奥冬季两项是越野滑雪和射击相结合的运动，设立 3 个分项，每个分项又设立站姿组、坐姿组、视障组，共计 18 个小项。残奥越野滑雪根据滑雪距离和残疾级别的不同，男女共设 20 个小项。2022 年 3 月 5 日—13 日，残奥冬季两项和残奥越野滑雪在张家口赛区的国家冬季两项中心举行。

3）残奥单板滑雪

残奥单板滑雪的参赛运动员为肢体残疾运动员。该项目设有坡面回转和障碍追逐两个分项，并根据残疾的级别设 8 个小项。2022 年 3 月 6 日—11 日，残奥单板滑雪在张家口赛区的云顶滑雪公园举行。

4）残奥冰球

残奥冰球是混合团体项目，参赛运动员均为下肢残疾的运动员，运动员坐在特制的冰橇座椅上参加比赛。2022 年 3 月 4 日—13 日，残奥冰球在国家体育馆举行。

5）残奥轮椅冰壶

残奥轮椅冰壶是混合团体项目，参赛运动员均为下肢残疾的运动员。2022 年 3 月 4 日—13 日，残奥轮椅冰壶比赛在北京赛区国家游泳中心举行。

5.1.2　赛前集训队对于生活服务需求的调研总结

"无障碍、便捷智慧生活服务体系及智能化无障碍居住环境研究与示范"课题研究团队在中国残疾人体育运动管理中心的推荐下，经与冬残奥会部分项目国家队充分协商，在保证不干扰运动员正常训练的前提下，观看了国家队运动员的日常训练并进行了半结构式访谈，完成了关于运动员对生活服务需求的调研。

（1）运动队调研情况

1）轮椅冰壶运动队

2020 年 1 月 3 日，研究团队在北京九华山庄 17 区（世纪星国际冰雪体育中心）对轮椅冰壶队运动员的生活服务需求展开调研，主要细节性内容如下。

① 无障碍电梯——增加电梯的数量，现使用高峰时排队时间较长。

② 门——改变门的开合方式，平开门开启不方便。

③ 窗——窗户把手调低，否则乘轮椅者无法正常开关。

④ 无障碍公共卫生间——增加数量，且指示应清楚。

⑤ 居室卫生间——应考虑运动员的需求，设置得更合理些。目前居住的场所需运动队自购浴凳和扶手，勉强可供使用。但在其他场所训练时，居住空间的大多数无障碍卫生间设计得不够合理。

⑥ 地面铺装——材质应对运动员友好，比如铺设的地毯应薄一些，减小对轮椅的阻力。

⑦ 家具——桌面下设置容膝空间；衣柜应方便乘轮椅者使用；标间双床之间的间距应增大。

⑧ 用餐——调低餐台高度；建议餐盘的尺寸在可以放在腿上的情况下尽量大一点儿，避免多次取餐。

⑨ 洗澡——受卫生间面积及无障碍设施的限制，且由于运动员残障的程度不同，有的队员习惯坐在马桶上洗澡，如果能在马桶边上设一个可拿出的移动淋浴喷头会比较方便。

⑩ 快递柜——快递柜本身需要考虑无障碍的需求，同时最好将残障人士的快递放在中下层。

⑪ 静电——冬天静电情况严重，建议给金属拉手加布套，或者改变材质。

⑫ 租车——配置可以公开租赁的残疾人汽车。

⑬ 高铁购票——买票时可直接选择残疾人专用座位，且能够清楚具体在哪节车厢。

2）残疾人单板滑雪运动队

2020 年 1 月 13 日—14 日，研究团队在河北省张家口市崇礼区翠云山银河滑雪场对残疾人单板滑雪运动员的生活服务需求展开调研，主要细节性内容如下。

① 场地布局——健身房宜离住的地方近一些，方便灵活使用；若距离太远，最好有 24 小时摆渡车（考虑携带雪板）。

② 建筑设计——希望每层有集中存放雪板的房间（考虑器械安全），同时可以维护雪板（有操作台及电源），面积约为 30 m^2；希望每层有小活动室兼会议室（有投影），以方便做简单的拉伸运动，并提供娱乐室（台球室、乒乓球室等）。

③ 室内布置——建议室内装修得温馨一些，运动员常年离家，渴望有家的感觉；房间隔音要好，否则影响休息；希望有简易厨房，可以做简餐；枕头最好有不同的高度；窗帘一定要遮光，有助于休息；房间内衣柜要加大。

④ 城市（无障碍）服务手册——希望陌生城市能够提供服务手册，除了方便了解无障碍服务和设施外，还可以了解电影院、商场、交通等信息。

⑤ 居室卫生间——有些运动员是单下肢，活动基本靠跳跃，因此地面防滑非常重要。

⑥ 直饮水——自来水水质太硬，因此，房间内的矿泉水供给应充足。

⑦ 室内温湿度——冬季气温低、空气干燥，最好室内可以保障较舒适的温湿度。

⑧ 洗衣——因为运动员平时训练紧张，出汗量大，一天会换 2 套衣服，所以最好房间内可以配备洗衣机、烘干机。

⑨ 酒店机器人服务——出于对个人隐私的重视及对年龄（普遍 20 岁左右）的考虑，愿意尝试机器人服务（比如送餐）。

3）残疾人高山滑雪运动队

2020 年 1 月 15 日—17 日，研究团队在吉林省吉林市北大湖滑雪场对残疾人高山滑雪运动员的生活服务需求展开调研。

针对有视觉障碍的运动员，主要细节性内容如下。

① 灯光——希望灯光的亮度可以根据自己的需求调节，或者尽量亮一些；有些吊灯安装得太低，容易碰头。

② 色差——尽量用色差大的配色，比如墙体与开关面板、墙体与指示牌；想突出的内容建议用深色，运动员对浅色不敏感。

③ 玻璃门——全玻璃的门若无警示条，特别容易撞伤。

④ 室内走廊的灯——亮度断断续续有改变，看着很容易晕。

⑤ 地面——地面应平整，若有小高差特别容易磕碰。

⑥ 电梯——电梯最好有报站提醒，按钮最好有灯光。

⑦ 用餐——提示牌的字应大一些，否则在餐厅取餐时不知道是什么菜。

⑧ 红绿灯——常规红绿灯是圆形点状的，若改为长条的灯带会更容易辨别；若有声音辅助提示会更好。

⑨ 遥控器——需要拿得特别近才能用；平时都是请别人帮忙，自己很少用。

⑩ 雪道——雪道两边应有明显的警示带，要不然训练时很容易滑到护栏上，比较危险。

针对肢体残疾的运动员，主要细节性内容如下。

① 残疾人停车——社会普遍存在无障碍机动车停车位被占用的情况。

② 窗户——调低窗户的开关把手，使乘轮椅者可够得到开关。

③ 服务——坐姿运动员从室内到雪场以及上下缆车，需要志愿者服务，比如需要有人帮忙将雪具抬到雪场、需要有人协助运动员从轮椅坐到雪具上等。

（2）调研总结

1）社会无障碍服务

社会无障碍服务意识不足，不够理解残疾人独立出行的需求。很多无障碍设施不便于使用，管理不到位。需要城市无障碍服务手册，方便规划日常生活。

2）住宿服务

在规划布局方面，因雪上运动多在山地，高差较大，希望冬残奥村可以提供 24 小时摆渡车服务（需要考虑携带轮椅、雪具等），以方便运动员出行；健身房、餐厅等日常使用频率较高的设施，最好能够与住宿的居室临近设置，以方便运动员使用。

在住宿建筑方面，运动员提出希望每层设置可集中存放雪板的房间（考虑器械安全），同时可以维护雪板（有操作台及电源），面积约 30 m^2；希望每层提供小活动室兼会议室（有投影），以方便做简单的拉伸运动，并提供娱乐室（台球室、乒乓球室等）。同时，残疾运动员对无障碍电梯、门、窗、卫生间、地面铺装、家具家电、房间隔音、软装布置及色差、灯光亮度、室内温湿度、水质、洗衣等多个方面提出了优化建议。

3）交通服务

运动员提出普遍存在无障碍机动车停车位被非法占用的问题，建议场馆周边区域可以通过智慧手段来落实管理；提出残疾人租车难的问题；提出高铁出行购票不能直接选择残疾人专用座位的问题。

4）其他服务

运动员提出对快递服务、送餐服务的无障碍需求，并建议可通过智慧手段解决。

5.2　近两届举办残奥会的城市提供生活服务的经验

5.2.1　韩国 2018 年平昌冬残奥会

2018 年 3 月 9 日—18 日，第 12 届冬残奥会在韩国平昌郡举行，来自 49 个国家和地区的 569 名运动员参加了 6 大项 80 小项的比赛。

2018 年平昌冬奥会和冬残奥会提出了五大目标——文化奥运会、和平奥运会、环境奥运会、经济奥运会和 ICT 奥运会。

2018 年平昌冬残奥会使用的 1 800 多辆车中，包括 44 辆低地巴士和 185 辆轮椅车。

2018 年平昌冬奥会和冬残奥会的信息通信技术（ICT）应用主要涵盖 5 大方面的内容：5G 移动通信、人工智能、物联网、超高清电视直播和虚拟现实（VR），主要拓展和提升了观众观看比赛的体验。

5G 移动通信技术应用主要涵盖了赛事直播、增强现实、虚拟现实、自动驾驶等领域。通过 5G 移动通信技术，2018 年平昌冬残奥会第一次在开闭幕式和部分赛事中大规模使用了 UHD 超高清电视直播，大幅提升了赛事转播的画面质量；观众首次体验了同步视角、全景视角和时间切片等更加逼真的观赛方式。同时，通过虚拟现实（VR）技术，观众可以在虚拟赛场上进行冰球、滑雪等项目的比赛。

各类高性能的智能服饰的运用，也助力运动员取得了更好的成绩。比如美国官方制造商拉夫・劳伦，专为美国滑雪队员设计了可以用手机调节的电池加热夹克。另外，中国在闭幕式上为演员定制了石墨烯智能发热服饰，保证了演员在穿着较薄的演出服时，仍能维持较舒适的温度。

然而，在利用智能技术提升无障碍环境水平方面，此届冬残奥会并没有突出的成果。

5.2.2 日本 2020 年东京残奥会

第 16 届夏季残疾人奥林匹克运动会，即 2020 年东京残奥会原计划于 2020 年 8 月 25 日—9 月 6 日在日本东京举办，后延期至 2021 年 8 月 24 日开幕，9 月 5 日闭幕。2020 年东京奥运会及残奥会口号为“United by Emotion”，提出“每个人拿出自己最佳状态”“多样性和协调性”“面向未来的继承”3 个理念。

东京希望借助此次夏季残奥会的举办，成为对残障人士更具包容性的城市。东京奥组委持续与东京都政府展开密切沟通，确保行动能力不一的观众和参赛选手都能享有同等的行动便利性。组委会的目标是让包含参赛选手和观众在内的每一个人都能充分享受比赛的乐趣，无须担心出行问题[①]。

自确定由东京承办 2020 年夏季残奥会以来，日本结合无障碍通用设计的发展理念，出台了一系列政策法律法规，以推进无障碍生活服务发展。2017 年，日本制定了《通用设计 2020 行动计划》，该计划提出将在全日本大力推广通用设计原则，助力日本建立一个更具包容性的社会；同时还制定了《东京 2020 无障碍环境导则》（表 5-3），从建筑和设备、机场、运输、住宿设施、运动员村、旅游、宣传、移动交通、社区支持和接待等方面提出了最高水平的标准。2018 年修订完成《无障碍法》，该法案明确规定了要消除社会障碍，创建和谐共生的社会，建立城镇无障碍总体规划制度，加强居住、交通、信息服务等方面的无障碍化。另外，《2020 年东京奥运会观赛指南》为国内外观众提供了残奥运会观赛的实用信息，便于观众提前了解赛事规划行程。

表 5-3 《东京 2020 无障碍环境导则》目录

1 前言 Preamble
1.1 东京 2020 可访问性和指导发展 Tokyo 2020 formulating accessibility and guidelines

① JNTO. Breaking Down Barriers: Advances in Barrier-Free Technology and Design Make Tokyo 2020 Accessible for Everyone[EB/OL].（2019-03-06）[2022-09-18].https://www.japan.travel/en/tokyo2020/barrier-free-for-everyone/.

续表

1.1.1 该指南的目的 Purpose of formulating guidelines
1.2 准则概念 Concept of guidelines
1.2.1 该准则适用范围 Scope of application of guidelines
1.2.2 基于准则的维护 Maintenance based on guidelines
1.2.3 标准制定的概念 Concept of standard setting
1.3 准则背后的三个基本原则 Three basic principles behind the guidelines
1.4 造福人民的无障碍、具包容性的环境 People benefit from an accessible and inclusive environment
1.5 准则中使用的术语及其定义 Terms used in guidelines and their definitions
2 技术规格 Technical specification
2.1 访问和运动 Access and move
2.1.1 通道和步行空间 Passage and walking space
2.1.2 倾斜路 Tilting road
2.1.3 阶段 Stage
2.1.4 路面,铺装,整理 Road surface, paving, finishing
2.1.5 家具,柜台,服务区 Furniture, counter, service area
2.1.6 入口和出口 Entrance and exit
2.1.7 门和门周边部分 Door and door periphery
2.1.8 电梯、货梯、自动扶梯 Lifts, freight elevators and escalators
2.1.9 应急措施 Measures for emergency
2.2 设施 Amenity
2.2.1 摘要 Overview
2.2.2 会场座位 Venue seating
2.2.3 厕所 Toilet
2.2.4 淋浴间、浴室、更衣室 Shower, bathroom, locker room
2.3 酒店和其他住宿设施 Hotels and other accommodation
2.3.1 摘要 Overview
2.3.2 无障碍房间 Accessible room
2.3.3 “轮椅友好型”客房 Rooms with consideration for wheelchair users
2.3.4 其他住宿服务和设施 Other services and facilities in the accommodation
2.4 出版物和通信 Publications and communication

续表

2.4.1 摘要 Overview
2.4.2 出版物 Publications
2.4.3 网站标准 Website criteria
2.4.4 公共电话和互联网环境 Public phone and Internet environment
2.4.5 显示标志 Display sign
2.4.6 通信支持和辅助听力设备 Communication support and hearing aids
2.5 运输工具 Means of transport
2.5.1 摘要 Overview
2.5.2 公路运输方式 Road transportation means
2.5.3 铁路运输方式 Railway transportation means
2.5.4 航空运输方式 Air transportation means
2.5.5 海上运输方式 Sea transport means
2.5.6 对公共交通设施的附加要求 Other requirements for public transport facilities
3 无障碍培训 Accessibility training
3.1 摘要 Overview
3.1.1 介绍 Introduction
3.1.2 培训的目的 Purpose of training
3.2 残疾人士的礼仪/意识培训 Etiquette / awareness training for people with disabilities
3.2.1 说明 Description
3.2.2 培训范围 Scope of training
3.2.3 培训内容 Content of training
3.2.4 主题培训 Training theme
3.2.5 技术术语 Terminology
3.2.6 实施培训 How to implement training
3.3 会议/代表团无障碍培训 Accessibility training by convention / mission
3.3.1 说明 Description
3.3.2 培训内容 Content of training
3.3.3 培训计划的配置 Structure of training program
3.4 场地特定无障碍培训 Venue-specific Accessibility Training
3.4.1 说明 Description
3.4.2 培训内容 Content of training
3.4.3 培训计划的配置 Structure of training program

东京奥组委针对此届残奥会和奥运会制订了《2020 东京奥运会无障碍空间准则》。这份文件涵盖了完整的无障碍空间建议，并特别着眼于轮椅行动便利性，包括无障碍车辆、建筑、旅馆和便利设施，以及针对电梯、电扶梯、进出口等地点的通用标准。通过这些准则，奥组委致力于打造超越身体障碍、尊重个人价值的社会。

为了备战 2020 年东京残奥会，政府下令公共交通机构要在 2019 年 4 月提出各自的无障碍行动计划。这项命令不仅会改善整个东京的无障碍空间，也会促进日本乡村地区的改革。另外，无障碍出租车（福祉车）数量也持续增加。最近几年，东京街头丰田 JPN 出租车越来越常见，这款车配备电动侧滑门、高效率斜坡及可移动座椅。目前，超过 10% 的出租车都是 JPN 出租车，丰田公司预计这一比例还会继续稳定增长。不过，人们并非只通过公共交通环游东京，因此，政府对一般街道的通行便利性也进行了大幅改善，例如透过导盲砖告知视障者通道的尽头，而且这种改变还在持续进行中。在奥运会召开前，几乎所有的日本车站已达到无障碍水平。新干线提供无障碍洗手间，绝大多数的市营巴士都能为乘轮椅者提供服务。

2020 年残奥运会中使用机器人提供智慧化服务。"吉祥物机器人"外形酷似 2020 年东京奥运会和残奥会的吉祥物，身上配备有可移动机械臂，可以举起奥运火炬。"场地支援机器人"外形酷似手推购物车，能在田径场上搬运链球、标枪或铁饼。"人体支援机器人和交付支援机器人"可以帮助使用轮椅的观众搬运食物等物品，提供座位引导和赛事信息传递等服务。同时，这些机器人在日常生活中也具有广泛应用的可能性[①]。

但在东京残奥会期间，智慧应用也产生了一些问题。比如，据报道，2021 年 7 月 21 日，东京残奥会门票购买者和志愿者的账号及密码被盗，并被泄露在网络上。2021 年 8 月 26 日下午，自动驾驶巴士右转进入人行横道时撞上了一位参加残奥会的日本运动员，导致其退出本届残奥会的比赛。

① Tokyo2020. 2020 年东京奥运揭晓新型机器人 [EB/OL].（2019-07-23）[2022-10-12].https：//tokyo2020.org/zh/news/new-robots-unveiled-for-tokyo-2020-games.

5.3 中国举办重大赛事活动的相关经验

5.3.1 2008 年北京残奥会

第 13 届夏季残疾人奥林匹克运动会即 2008 年北京残奥会于 2008 年 9 月 6 日—17 日举行，除马术比赛在香港举行、帆船比赛在青岛举行外，其余项目均在北京举行。来自 150 多个国家和地区的 4 000 多名残疾人运动员参加了 2008 年北京残奥会。2008 年北京残奥会在无障碍方面有如下亮点。

（1）落实“人文奥运”理念

在筹办过程中，北京市作为主办城市在全市范围内实施了 14 000 多项无障碍改造，无障碍设施建设总量相当于过去 20 年的总和，在城市道路、交通工具、建筑物等领域基本覆盖无障碍设施，同时加强无障碍立法、标准建立以及科研与教育。

（2）住宿服务

北京残奥村有 22 幢 6 层公寓楼、20 幢 9 层公寓楼。残奥会期间， 1~3 层的无障碍住房容纳了 6 500 名残奥运动员和随队官员。残奥村内设有轮椅假肢维修中心，在每个单元内部设立轮椅存放处，除无障碍卫生间外，房间内衣柜等家具的高度也考虑到了乘轮椅运动员使用的便捷性。除了硬件无障碍设施外，志愿者为残疾人运动员提供上门取送、改衣定制等各种人性化服务。

（3）交通服务

在公共交通方面，地面公交提供了 3 000 多辆低地板无障碍公交车；地铁运营公司提供电话预约式的无障碍服务，全市 123 个地铁站，保证每个地铁站至少有一个出入口满足乘轮椅者无障碍通行，至少有两个出入口满足视觉障碍者无障碍通行。此外，在奥运场馆周边还布置了 70 辆无障碍出租车。

5.3.2　广州 2010 年亚洲残疾人运动会

首届亚洲残疾人运动会（简称“亚残运会”）于 2010 年 12 月 12 日—19 日在广州举办，是继 2008 年北京残奥会之后中国举办的又一场国际残疾人体育盛会。来自亚洲 41 个国家和地区的 2 500 多名运动员参赛。此外，还有 2 000 多名随队官员、1 100 多名技术官员、2 000 多名记者和媒体人员、30 000 多名志愿者和 300 多名残奥大家庭贵宾参与此次盛会。

此次运动会除了重视无障碍硬件设施的建设之外，也开始越来越重视无障碍服务。

（1）维修服务

广东省假肢康复中心组织了由 80 名轮椅义肢维修技师、32 名 P 类人员（广州市残联工作人员）和 22 名志愿者组成的共 134 人的 2010 年亚残运会轮椅、义肢维修服务团队，在中国康复辅助器具协会的大力支持下，圆满地完成了对运动员、随队官员和亚残运会大家庭成员的轮椅、义肢的维修服务工作[①]。

（2）培训服务

广州 2010 年亚残运会组委会组建成立了亚残运会培训基地，负责开展广州 2010 年亚残运会培训工作，对组委会筹备工作人员和志愿者开展有针对性的培训，主要包括无障碍意识、扶残助残技能、医学分级等方面的内容，帮助工作人员和志愿者了解残疾人的心理特点、熟悉残疾人的生活习惯，为残疾人提供规范的服务。

5.3.3　2019 年全国第十届残疾人运动会暨第七届特殊奥林匹克运动会

全国第十届残疾人运动会（以下简称“残运会”）暨第七届特殊奥林匹克运动会（以下简称“特奥会”）于 2019 年 8 月 25 日—9 月 1 日在天津成功举办，来自全国 31 个省区市以及新疆生产建设兵团、香港特别行政区、澳门特别行政区共 35 个代表团（天津作为东道主派出两个代表团）的 6 121 名运动员，进行了 43 个大项 45 个分项的角逐，参赛规模为历届之最。

（1）无障碍设施建设

组委会场馆工程部组织无障碍专家编制相关技术标准，并依标准制定了覆盖

---

① 海口网 . 广州 2010 年亚残运会综述：践行承诺 筑就梦想 [EB/OL].（2010-12-20）[2022-10-12]. http://www.hkwb.net/zhuanti/content/2010-12/20/content_155804_0.htm.

比赛场馆、接待酒店、火车站、机场、轨道交通及其他公共环境的无障碍设施改造方案，对进行残运会的19个主要比赛场馆进行了无障碍设施改造和全面提升优化，改造轮椅坡道、门、轮椅席位等500余处，保障运动员从入场到热身场地、比赛场地、竞赛区、休息区等各类功能区的无障碍通行。

（2）交通服务

1）机场方面

天津滨海国际机场增加了运动员专用指示标识、休息区、专用停车位、专用卫生间等硬件设施，同时还增加了多方位的无障碍服务。在出发层，设有运动员专用无障碍电梯，还分别设立了3个运动员、技术官员专用值机柜台、无障碍安检口；在到达层，考虑到参加残运会运动员的身体情况，凡是运动员乘坐的飞机，均被优先安排靠廊桥停靠，以免去运动员乘坐摆渡车的不便。

2）铁路旅客车站方面

开辟了运动员专用服务通道及专区，设立专用进站安检通道、专用售票通道、专用候车区、专用检票进站通道和到达专用出站通道，并在站内完善服务引导标识，引导运动员通过专用通道快速有序进出站。

3）公交方面

天津市投放了200多部配备自动伸缩踏板的无障碍公交车，方便乘轮椅人士上下车。此外，还对车队驾驶员进行了手语培训，尤其是公交线路途经交通枢纽、比赛场馆的驾驶员。

4）地铁方面

天津市对天津地铁进行了无障碍设施改造工作，对车站百余名工作人员进行了手语培训。“天津地铁”应用程序推出残疾人“爱心码”出行功能，将本市持证残疾人的信息全部与“天津地铁”信息库进行了对接，使其可刷脸验证、刷码通过闸机乘车。

（3）餐饮酒店服务

接待酒店均为四星级以上，在保障无障碍设施基本达标的基础上，对轮椅坡道、无障碍电梯、无障碍客房、无障碍卫生间、低位服务设施、门铃及语音提示等236处无障碍设施进行提升改造，同时配备窄轮椅、浴凳、临时抓杆等临时无障碍设施。

（4）志愿者服务

组委会志愿者部编制并印发了《志愿者培训教材》，围绕竞赛运行、场馆运行、接待服务、开闭幕式大型活动等方面的志愿服务提出了规范性要求。

（5）安保服务

组委会安保部对开闭幕式、比赛场馆周边的视频监控系统进行了优化升级，加强了对人脸识别、自动感知等现代科技手段的应用，实现了远程可视化视频指挥。

5.4 北京 2022 年冬残奥会对高质量生活服务的需求

为运动员和所有参与者提供高质量的奥运会 / 残奥会服务是主办城市的重要工作内容，本书对其惯例性的相关要求进行了系统性的调研和梳理（5.4.1 节）；对《北京 2022 无障碍指南》中关于保证生活服务无障碍便捷性的要求进行了提炼总结（5.4.2 节）；对各类别的冬残奥会参与者的生活服务需求分别给予了概述（5.4.3 节）。

5.4.1 残奥会主办城市需提供的生活服务

（1）住宿餐饮服务

1）住宿服务

除了运动员及其随队官员由残奥村提供住宿服务外，冬残奥会的其他客户群基本上居住在酒店。一般对于主办城市为除观众之外的其他客户群提供的住宿位置和标准，国际残奥委会有原则性的要求。

① 技术官员。一般要求在残奥村外为国际单项体育联合会任命的所有国际技术官员与国内技术官员提供住宿服务，不安排技术官员与裁判员在残奥村内住宿。住宿水平由住宿方面的义务细则规定。

② 残奥会国际单项体育联合会赛事官员与国际残奥委会赛事官员。在利益相关方酒店为其提供达到一定服务水平的住宿服务。如经国际残奥委会批准且仅适用于残奥会，可在残奥村内设置单独区域供国际单项体育联合会赛事官员住宿。

③ 市场开发合作伙伴。根据相关协议的具体内容，为其提供酒店住宿服务，并给予根据其喜好选择住宿标准的机会。

④ 新闻媒体人员。为其提供便于报道残奥会的住宿和餐饮服务。主新闻中心与媒体中心应位于竞赛场馆附近并具有完善的公共服务配套，其中包括住宿服务。向所有持权转播商及奥林匹克广播服务公司人员提供酒店住宿服务。

⑤ 国际奥委会、世界反兴奋剂机构与国际体育仲裁法庭。在奥林匹克大家庭酒店、场馆群酒店、残奥村，为国际残奥委会、世界反兴奋剂机构与国际体育仲裁法庭提供运行办公空间。

2）餐饮服务

根据国际残奥委会的规定，主办城市应提供以下餐饮服务。

① 免费餐饮。在残奥村整个开村期间，运动员餐厅应提供二十四小时、一周七天全天候免费餐饮服务；向所有场馆周界范围内的所有人员提供健康与安全的免费饮用水。

② 自付费餐饮。在国际广播中心与主新闻中心为媒体提供二十四小时、一周七天全天候自付费餐饮服务；根据场馆开放时间向持票人员提供自付费餐饮服务；在所有比赛场馆向包括工作人员、奥林匹克大家庭、国际单项体育联合会、媒体在内的所有利益相关方提供充足的餐饮服务，其中某些服务为自付费服务。

在残奥会期间所提供的餐饮服务要尊重各方人员的饮食习惯及其在文化与宗教方面的敏感性，另外，所有场馆中为所有利益相关方提供的餐饮服务菜单及价格要提交国际奥委会和国际残奥委会审查，尤其是运动员与随队官员餐厅的菜单需要通过国际奥委会和国际残奥委会的审批。

（2）交通出行服务

除常规的交通出行服务外，国际残奥委会对以下交通出行相关内容有着特别的关注。

1）交通计划

① 需要制订交通计划并提交国际奥委会和国际残奥委会审批的有：运动员的训练和比赛，火炬传递的路线、时间、火炬手人数、交通方式、特别途经点等，开闭幕式，其他重要的仪式和活动，急救和突发事件等。

② 针对所有竞赛与非竞赛场馆制订场馆交通计划，编制场馆交通地图，并提交国际奥委会和国际残奥委会审批。

③编制交通管理计划并提交国际奥委会和国际残奥委会审批。

2）交通管理

① 针对上述交通计划，实施的交通管理包括为减少赛时车流采取的区域机动性措施、交通指挥系统与管理、火炬传递运行、交通标识、赛时的分层交通限行流程等方面内容。

② 对车辆进出场馆及在指定区域停车实施管控机制。

③ 确保交通标识与残奥会整体理念相融合。

3）交通信息

为包括公众在内的残奥会交通用户提供交通专用地图，地图重点包括：奥运交通网络、利益相关方交通系统网络图、专用交通设施、场馆周界内的交通区、场馆通行与周边路网、机场及其他关键门户等。

4）交通分系统

① 设立国际单项体育联合会交通系统，在赛事期间为国际技术官员、国内技术官员、裁判、仲裁委员、国际单项体育联合会工作人员等提供交通服务，为国际单项体育联合会主席、秘书长、代表、执委会委员的抵离与参加开闭幕式提供交通服务。

② 设立媒体交通系统，包括竞赛场馆、训练场馆、驻地至主新闻中心 / 国际广播中心、主新闻中心 / 国际广播中心至残奥村、主新闻中心 / 国际广播中心至国际残奥委会执委会与国际残奥委会各赛场等范围的交通服务，以及抵离、参加开闭幕式等相关交通服务。媒体交通系统以国际广播中心 / 主新闻中心作为枢纽，呈中心向外辐射状。

③ 针对残奥会需求设立必需的交通服务系统。

5）专用车辆

① 根据各国家 / 地区参赛队总人数向其残奥委会分配相应数量的专用车辆。

② 为每个团体项目参赛队分配一辆配有司机的专用车辆，根据预先约定的时间表提供竞赛与训练场馆往返交通服务。确保运送参赛队至训练或竞赛场馆的车辆于训练和比赛期间在现场等候，以保证在训练或比赛提前结束或延迟结束的

情况下运动员能顺利返程。

③ 向每个携带比赛项目所需的大批器材的参赛队分配一辆额外的设备货车。

④ 为各国际单项体育联合会至少分配一辆大型客车及一名司机。

⑤ 为国际残奥委会医学委员会委员、国际体育仲裁法庭代表、世界反兴奋剂机构代表、国际残奥委会管理人员等提供一定数量的车辆，以便其在赛时正常开展工作。

⑥ 向奥林匹克市场开发合作伙伴、残奥会全球合作伙伴等分配一定数量的车辆。

6）特别交通服务

① 高等级交通服务：为奥林匹克大家庭、国际残奥委会提交的要人、贵宾等提供的交通服务。

② 抵离服务：为参与残奥会的各方提供抵达和离返服务，包括机场便利、边境通关、注册激活、行李与随身设备寄存、城际交通、市内交通、酒店 / 残奥村入住手续等服务，并将上述计划提交国际奥委会和国际残奥委会审批。国际残奥委会要确保即使在抵离信息并非 100% 准确的情况下也能提供端对端的抵离服务。

③ 免费公交：与主办城市协调，确保为持有残奥会身份注册卡的人员提供免费公共交通服务。免费公共交通服务是在残奥村开村至残奥会闭幕式结束后的第三天的区间内提供的。免费公共交通服务包括城市合理边界内的所有公共交通系统（铁路、电车、公交车、渡轮等）。

7）无障碍车辆配置要求

① 在场馆内为有行动障碍的运动员、观众以及其他访客提供助行服务。助行服务应从交通落客点开始提供，覆盖残奥会场馆及周边所有服务对象具有通行权限的区域。

② 向有需要的国家 / 地区残奥委会代表团分配可放置两台以上轮椅的无障碍车辆。应在车辆采购阶段对上述车辆的提供范围进行界定。

③ 在残奥会期间，为轮椅团体项目参赛队提供数量足够的完全无障碍车

辆。为残奥会获奖运动员安排专用车辆及司机，为其提供往返颁奖广场的交通服务。残奥会期间提供交通服务的车辆须包括一定数量的无障碍车辆。

④ 向国际残奥委会管理人员提供一定数量的无障碍车辆，以满足其运行需求。

⑤ 除专用车辆外，尚需提供可预订的无障碍车辆，供额外或临时安排的活动使用。

8）车辆保障

① 为冬残奥会提供的所有车辆均需配有雪地轮胎及防滑链，并根据需要配备雪橇架。

② 为分配给残奥会利益相关方的车辆提供燃油。

③ 为每辆配有司机的车辆配备手机或适当的通信设备。

④ 为车辆、注册司机及乘客全额投保综合保险。

⑤ 用包含所有服务具体内容的交通服务数据库进行交通综合管理和控制，以应对突发状况，确保达到既定交通服务水平。

（3）购物金融服务

对于奥运吉祥物、纪念品等周边商品，奥运相关名称和标志，应有严格的授权要求。

残奥村应配备能提供商业服务的场所，包括综合商店、银行、照相馆、互联网中心、理发店、花店、干洗店、咖啡厅、旅行社、邮件服务处、售票处、信息中心、急救站等。其商业设施的设计与装修需符合国际残奥委会要求。所有商业设施的品牌与标识应报批。

（4）文化休闲旅游服务

在残奥会期间所举办的重要活动，是主办城市吸引游客的亮点，一贯得到国际残奥委会和主办国的高度重视。

与火炬传递、开闭幕式、颁奖仪式等相关的重要内容均需提交国际奥委会和国际残奥委会审批，包括理念、方案、计划、入场顺序、播放的音乐等，最终详细完整版的仪式脚本会得到不同层级的各方面的关注，经过多轮的修改深化才能确定。

下面以火炬传递为例，说明残奥会期间的每一个重要活动，都是被极其严肃对待和经过精心准备的，以不负各方参与者的期待，从而使得残奥会持续成为值得全世界游客奔赴的盛会。

1）火炬传递方案

介绍残奥会火炬传递理念与总体规模，包括仪式方案、传递路线范围、社区协议以及所有设备清单等，以供国际奥委会和国际残奥分会审批。仪式方案主要包括运行计划、市场开发计划、宣传计划、火炬手路段分配计划、转播计划、火炬处置计划等；传递路线范围主要包括持续时间、火炬手人数、途经城市、交通方式以及特别途经点等。

2）设计与景观元素

残奥会期间的城市景观需体现其城市特色，需要在奥运会景观计划的基础上制订残奥会景观计划。需要综合考虑残奥会火炬传递徽标、残奥会及其使用指南，奥林匹克火炬设计，残奥会火炬传递制服设计，社区庆祝圣火台设计，庆祝地点背景板与其他元素以及转播 / 数字图像等。

3）残奥会火炬传递

除了上述内容外，还应向国际残奥委会提供 25 把残奥火炬与 3 套火炬手制服供其存档或用于其他用途；应向每个举办火炬接力的城市提供 15 套火炬与制服，供其在圣火采集与接力环节使用；向国际残奥委会提交火炬处置计划。

（5）医疗卫生（康复）服务

1）医疗服务范围

在官方测试赛期间以及从残奥村开村到闭村期间，在所有残奥会竞赛与非竞赛场馆向运动员、随队官员、国家 / 地区残奥委会代表团其他随队人员、技术官员、媒体、市场开发合作伙伴、国际残奥委会代表、国际单项体育联合会代表、奥组委工作人员以及国际残奥委会指定参加残奥会的其他人员提供必要的医疗服务，根据国际残奥委会的规定提供所有必要的医疗与卫生服务（包括遣送），并向所有人员（包括注册人员与非注册人员）提供伤病医疗急救服务。

2）国际医务人员行医权

准许国家 / 地区奥委会的随行医务人员合法地为各自代表团提供医疗服务，

并准许其可通过残奥村综合诊所安排医疗化验及开处方。登记程序应简单便捷，并不得向医生或国家 / 地区奥委会收取费用。

3）急救服务

制定关于使用救护车或救护飞机运送生病或受伤人员的详细规程，以确保根据运行期间的医疗需求，在所有竞赛场馆、综合诊所、奥林匹克大家庭酒店、残奥会开幕式及其他场地现场提供配有齐全设施及人员的救护车。另外，国际单项体育联合会还可对救护飞机与救护车提出特定的要求。

4）残奥村综合诊所

在残奥村设立多科室的综合诊所，为运动员与随队官员提供全面的医疗服务。应在综合诊所提供合适的空间作为国际残奥委会医学委员会办公室及会议室。综合诊所内应配备医生（包括牙知、验光师以及专科医师）、护士、药剂师、理疗师，并提供以下服务：初级护理、运动医疗、专科医疗、药物相关服务、物理治疗（包括按摩）、放射检查（现场超声检查、X 线检查、磁共振成像、CT 检查等）、验光等，服务时间为每天 16 小时。综合诊所提供全天 24 小时急诊服务。

5）赛事指定官方医院

官方指定的奥林匹克医院应为人员与设施完备的医院，在规定的残奥会运行期间为所有注册人员提供急诊及外科服务。国际残奥委会与所有官方奥林匹克医院签署协议并提交国际奥委会和国际残奥委会审批。

6）实验室保障能力、位置与安保

经世界反兴奋剂机构认证的实验室应具有充分的保障能力，每天可分析达 400 个样本，能够在 24 小时之内报告阴性检测结果，在国际残奥委会规定的时间内报告不良检测结果。国际残奥委会应将实验室的位置及安保情况提交国际奥委会和国际残奥委会审批。

7）残奥会医疗服务

原则上向残奥会提供的医疗服务水平应与向奥运会提供的医疗服务水平相当，并根据残奥会的需要进行调整，保证有足够的工作人员具备伤残康复方面的知识和 / 或技能，根据要求帮助国际残奥委会获取运动员医疗档案表和开展详细医疗跟踪调查，协助国际残奥委会进行伤病调查，确保国际残奥委会在残奥会结束后可获取所有相关的医疗档案。

（6）文化教育服务

1）相关的宣传

① 编制必要的体育出版物，包括体育说明类书籍、体育主题出版物、领队指南、体育报名与资格审查系统手册、赛前训练指南、技术官员指南、测试赛出版物及国际单项体育联合会进展报告。国际残奥委会完全支持使用电子出版物。

② 进行必要的体育展示。制定总体体育展示理念，针对各个项目的具体要求，与相关国际单项体育联合会和奥林匹克广播服务公司合作，制订各竞赛项目的体育展示计划。在“奥林匹克主题”及具体项目要求框架内，制作用于体育展示的音乐库。另制定一个与奥运会不同的“残奥主题”。根据残奥会竞赛项目的具体需求编制或修改各项目计划，重点在于向观众介绍各项目的分级与规则。

③ 进行体育志愿者培训。尤其应组织残奥会体育志愿者接受有关残疾人奥林匹克运动、残奥会、竞赛项目以及助残意识等方面的全面培训。

④ 制订数字媒体战略计划并提交国际奥委会和国际残奥委会审批。该计划包括推广（包括搜索引擎优化）、内容点播、移动应用、赞助商识别、技术管理、数字媒体与国际残奥委会活动、宣传及市场开发战略的整合、组织架构与利益相关方管理、社交媒体计划等内容。

2）文化教育

① 残奥会对于文化活动有其特殊的要求。北京冬奥组委要求制订与残奥会相关的具有鲜明特色的文化活动计划，文化活动涵盖转换期和残奥会期间，至少持续三周，活动名称为“残奥文化节”，或者统一称为“奥运会文化节”或“奥运和残奥文化节”。文化活动邀请残疾艺术家，但并不全是残疾艺术家。为特定观众（如患有视力或听力障碍的观众）参与文化活动提供便利，应在项目手册或其他信息材料中清晰注明与他们相关的表演。

② 残奥会对于教育活动有其特殊的要求。北京冬奥组委与相关部门合作，开展残奥会教育项目，向青少年和家长普及关于残奥会、残奥价值观和理想以及残奥运动的知识。残奥会时开展的教育活动必须直接与赛事产生联系。

③ 残奥会是宣传、提升无障碍意识的重要平台。北京冬奥组委与主办城市合作，实施提升无障碍意识计划，并改善文化景点和娱乐场所的无障碍设施，提高对观众、媒体和残奥大家庭的无障碍服务水平。

（7）基础信息服务

首先主办城市应确保能源供应的安全性和弹性，保证提供一切电信设备和服务，以达到残奥会的运行和服务水平要求。服务提供商提供的必要设施包括电信、互联网基础设施、频谱－无线电频率、转播信号、官网、社交媒体、移动设备与应用等。

1）电信

北京冬奥组委与当地所有移动网络运营商展开合作，加强残奥会的场地及场馆内及其周边公共移动/蜂窝网络的覆盖范围与容量。为推进上述工作，国际残奥委会应组织当地所有运营商成立一个奥运运营商联合小组（JOOG）。在各场馆设立电信设备房（TER），作为残奥会核心电信设备的专用安装空间。

2）互联网基础设施

北京冬奥组委确保向残奥会赛事运行场地提供可靠的互联网服务。

3）频谱－无线电频率

北京冬奥组委为残奥会的运行提供所有必需的无线频谱及无线电频率。

确保在测试赛、奥运会与残奥会期间（包括残奥会前1个月及残奥会后一周），必需频率的分配、管理及使用对以下利益相关方免费：运动员、国际奥委会和国际残奥委会、国际单项体育联合会、转播商、媒体和市场开发合作伙伴。

4）转播信号

可从主办国的持权转播商或奥林匹克广播服务公司处获取并使用干净的残奥会比赛转播信号。

5）官网

在城市获得残奥会主办权后，应尽快开发运营一个涵盖残奥会主题的官方网站，网站持续运营至赛后第12个月。

6）社交媒体

北京冬奥组委将所有社交媒体渠道或计划提交国际奥委会和国际残奥委会审

批，并确保国际残奥委会对奥组委的所有社交媒体资产具有完全管理权。

7）移动设备与应用

北京冬奥组委技术部门和国际残奥委会技术部门对所有涉及向移动设备传输数字媒体的计划进行审批。

（8）比赛场馆服务

明确提出建设残障的参与人员与访客的无障碍设施，确保在残奥会期间，为残障的参与人员与访客提供可促进公平、人格尊严和功能实用性原则的设施。无障碍设施应同时符合国内现行规定以及公认的国际无障碍标准。

要求确保在场馆内为所有残障的运动员、观众以及其他访客规划并提供无障碍服务。

5.4.2 《北京 2022 无障碍指南》中对无障碍服务提出的要求

《北京 2022 无障碍指南》遵循《国际残奥委会无障碍指南》中“公平、尊严和适用”的基本原则，规定了北京 2022 年冬奥会和冬残奥会各领域建设无障碍环境的标准，指导无障碍规划、设计、建设、实施和检查验收等工作的高效开展。

《北京 2022 无障碍指南》共分十章，内容均和生活服务紧密相关，涉及了《主办城市合同——2022 年第 24 届冬季奥林匹克运动会》（以下简称“《主办城市合同》”）中的服务内容。除了具体的技术性和建设标准方面的要求外，第十章“冬奥会和冬残奥会相关业务领域运行的无障碍要点”对冬奥会和冬残奥会的所有义务领域进行了梳理，并对和无障碍相关的领域提出了要求。

（1）技术性和建设标准方面的要求

1）住宿餐饮服务

《北京 2022 无障碍指南》将酒店、奥运村和残奥村及其他住宿设施所提供的无障碍住宿单元分为无障碍客房、无障碍住房和轮椅友好型客房 3 类，并对服务于北京 2022 年冬奥会和冬残奥会的运动员村和酒店的内外环境及配套服务提出了要求。除居住外，《北京 2022 无障碍指南》还对餐饮、商业和娱乐等配套生活服务功能提出了具体的要求。

《北京2022无障碍指南》要求所有的运动员村都应设有永久性或辅助性的无障碍设施，考虑临时安装和改造无障碍设施的成本比较高，运动员村从规划设计时就应主要根据冬残奥会的相关需求来进行设计；要求运动员村的无障碍设施要服务于居住在其中的使用轮椅（电动或手动）或踏板车的人群，使用导盲犬或手杖的人群，不能站、坐或长距离行走、需要使用拐杖或手杖的人群，使用助听器的人群，外出需要人陪同的人群等；要求运动员村的说明性文件、网站、电信设施、标识系统等符合“信息无障碍”的相关要求；要求冬残奥会的定点酒店至少要拥有2%的无障碍客房或轮椅友好型客房，提供的服务和娱乐区域应该是无障碍的。

要求餐厅的所有出入口均满足无障碍要求，并且设计合理的紧急疏散路线；餐厅附近应有存放运动员轮椅和体育器材的空间；安排员工帮忙存包、拿取食物和饮料等；按照为每25个有需求的人提供1个无障碍卫生设施的比例设置无障碍卫生间；允许导盲犬进入餐饮设施；菜单应有盲文版和大号字版；按照无障碍标准购置家具和设备，提供高水平的用户服务以及开展适当的残疾观培训。

2）交通出行服务

《北京2022无障碍指南》对于城市步行系统以及公路交通、轨道交通、航空交通、水运交通4大类依赖交通设施的人员交通提出具体的无障碍要求，并强调各种交通方式之间衔接的系统性，以保证人们无障碍出行的畅通。

① 公路交通。对轿车、客车等无障碍车辆提出具体参数要求；对高速公路服务区无障碍停车位数量以及无障碍设施的配置提出要求。

② 轨道交通。包括铁路交通和地铁。

· 铁路交通。要求设置无障碍车站，站前广场、站房、站台到车厢要形成完全连贯的无障碍设施系统。

· 地铁。要求设置无障碍地铁车站；每列车辆均应设置无障碍车厢，各线无障碍车厢在列车编组中的位置统一，车站站台层配置活动的坡道板。

③ 航空交通。要求设置无障碍机场，能使所有乘机者在抵达和离开机场时获得同样水准的服务，并使得残障人士、其他有无障碍需求的人和服务犬能独立地到达登机口和离开机场。

④ 水运交通。要求设置无障碍港口、码头和船舶。

3）文化教育服务

《北京 2022 无障碍指南》提出保障有无障碍需求的冬残奥会参与者能够无缝地参与主办城市举办的主要文化、娱乐和休闲活动的要求，包括但不限于在展览馆、会展中心、美术馆、文化建筑、音乐厅、剧场、电影院、演艺中心、活动中心、购物中心、非奥运用体育场馆等举办的活动。并提出要对赛事期间所有的工作人员、志愿者进行无障碍培训，培训内容主要有基本的残障人士服务礼仪培训、运动会工作岗位残障人士服务礼仪和无障碍培训、场馆无障碍培训等。

4）旅游购物服务

《北京 2022 无障碍指南》在旅游购物服务方面主要是对住宿酒店服务、餐厅无障碍、旅游信息、观光游览这 4 方面提出了相关的要求，旨在为冬残奥会参与者打造无障碍的社会环境与服务。

5）城市基础服务

《北京 2022 无障碍指南》在城市基础服务方面主要对信息服务提出要求，依据人体工效学、通用设计、安全性等原则以及信息无障碍需求分析，对出版物、网络、电信、无障碍标识等方面的信息服务提出了无障碍要求，要求综合运用各种辅助技术、功能和设备，满足各类残障使用者的信息需求。

（2）冬奥会和冬残奥会赛事保障服务

《北京 2022 无障碍指南》第十章“冬奥会和冬残奥会相关业务领域运行的无障碍要点”对冬奥会和冬残奥会每个业务领域负责的无障碍工作提出要求，提出了从 A1 到 A33 共 33 个方面的工作内容，这 33 个方面涵盖了赛事保障服务中和无障碍相关的所有内容，并进行了任务分类和分工（见表 5-4）。

表 5-4　冬奥会和冬残奥会相关业务领域中和无障碍相关的工作任务

任务	任务描述
A1 城市运行	保证城市无障碍环境和系统的各个方面（住宿安排、交通运输、步行流线、集聚区和停车场等）能够协调运行
A2 场馆运行	协调场馆建设及运行满足无障碍要求
A3 风险管理	安全、救援、疏散

续表

任务	任务描述
A4 国家/地区奥委会和残奥委会服务	分别就奥运会和残奥会组织工作事务与各国/地区奥委会和残奥委会进行沟通
A5 奥运/残奥大家庭服务	制订和执行奥运/残奥大家庭礼宾及其他服务方案,并负责管理政要日程安排和观察员日程安排
A6 分级	对残奥会竞赛项目进行分级
A7 比赛与训练	承办所有项目的比赛,提供包括训练和其他支持服务
A8 电视转播	制作和发送覆盖奥运会和残奥会的广播和电视信号
A9 开闭幕式	负责开闭幕式的创意、预算筹备工作
A10 颁奖典礼和体育展示	设计奥运会和残奥会的颁奖典礼、体育表演活动
A11 宣传	媒体(包括报纸、出版物或网站)报道
A12 火炬接力	奥运会火炬接力(国内部分)和残奥会火炬接力的策划和实施
A13 媒体运行	为前来报道运动会的文字和摄影记者提供必需的设备和服务
A14 清洁和垃圾处理	收集、运送、处理奥运会和残奥会期间竞赛场馆和非竞赛场馆产生的废弃物,保证场馆环境清洁
A15 临时设施和场地的无障碍规划、建设和运行管理	负责运动会竞赛场馆和非竞赛场馆的临时性搭建,或临时性的调整
A16 场馆和基础设施的无障碍规划和建设	实施场馆设计、建设和规划运行的各个阶段的无障碍规划、设计和建设,并对其进行施工监督和验收
A17 运动员村建设	负责规划和运营奥运村和残奥村,为运动员和随队官员提供住宿、餐饮和休闲服务
A18 特许经营	对竞赛场馆、运动员村、奥林匹克超市、指定机场和电子商务网站等各零售点在运动会期间的商品销售及运行情况进行监管
A19 票务	负责奥运会和残奥会比赛项目所有门票的销售和分销
A20 人力资源	负责招聘和管理冬奥会和残奥会各个阶段必需的受薪员工、志愿者和合同商
A21 收费卡	建立能满足主要用户需求的收费卡制度
A22 信息与能源	负责信息技术、电信、能源和场地技术
A23 住宿	为各类用户群制订住宿计划、提供住宿条件
A24 注册	完成奥运会和残奥会各阶段所有相关人员的登记和注册
A25 反兴奋剂	制订全面的反兴奋剂工作规划,并实施管理
A26 餐饮	负责奥运村和残奥村、竞赛场馆、训练场地等场所的餐饮保障服务

续表

任务	任务描述
A27 医疗服务	为运动员、参赛代表团、技术官员/运动会官员、奥运/残奥大家庭成员和其他注册人员提供医疗/健康服务
A28 安保	奥运村和残奥村、竞赛场馆、训练场地的安全检查
A29 现场观众服务	为所有竞赛场馆和指定的非竞赛场馆的现场观众提供人群管理服务、用户服务和场馆全面运行支持。
A30 移动服务	为行动受限的观众提供一系列的移动服务
A31 机场运行	提供从机场到航站楼无缝式的服务，包括注册、通关、行李提取、与正确的赛会交通服务点的连接
A32 交通	在不同的交通系统中提供无障碍交通服务
A33 运动员村运行	精心维护、管理，确保无障碍设施的有效运行

5.4.3　北京 2022 年冬残奥会参与者类别及其生活服务需求

（1）北京 2022 年冬残奥会参与者类别

北京 2022 年冬残奥会客户群包括国家 / 地区残奥会代表团，即运动员、随队官员，国家 / 地区残奥委会，国际单项体育联合会成员与技术官员，新闻媒体工作人员，转播商，其他工作人员，贵宾和观众。

考虑到不同类别的参与者对生活服务的需求不尽相同，将冬残奥会参与者大致分为三大类，即运动员、工作人员、贵宾和观众（见表 5-5）。

表 5-5　北京 2022 年冬残奥会参与者类别

人员分类		来源
运动员		各国
工作人员	除运动员外的国家/地区残奥会代表团	各国
	国际单项体育联合会成员与技术官员	各国
	新闻媒体工作人员	各国
	转播商	各国
	其他工作人员	各国和本地
贵宾和观众	贵宾	各国
	观众	各国和本地

（2）各类参与者的生活服务需求

为冬残奥会参与者提供高质量的生活服务是主办城市应尽的义务，并在一定程度上决定本届冬残奥会的服务水平。结合中国城市发展以及北京 2022 年冬残奥会的实际筹备情况，本书对各类参与者在生活服务方面的需求进行了简要总结。

1）共性需求

由表 5-5 可以看出，每类客户群都有大量从世界各国来的人员。参与主办城市的城市生活是所有客户群的共性需求，尤其是参与主办城市的旅游、娱乐、购物等生活内容。所以主办城市的著名旅游场所、城际和市内交通以及场馆、服务酒店和冬残奥村等设施外围的生活服务场所尤其应根据北京 2022 年冬残奥会《主办城市合同义务细则》《北京 2022 无障碍指南》两个文件的要求提供全方位的无障碍服务，具体包括入境服务、居民服务、城市出行服务、旅游游览服务、金融（保险）服务、零售服务和互联网销售服务、物流快递服务、互联网服务、气象服务等。

2）特殊需求

① 运动员。每一届残奥运会都把运动员放在首要位置，运动员的需求对规划、筹办残奥会来说至关重要。参加冬残奥会的残疾人运动员主要分为肢残运动员和视障运动员两类。肢残运动员根据残疾情况分为截肢和其他残疾运动员、脊髓损伤运动员等。

运动员在残奥会期间除参加对应项目的比赛外，参加的最重要的活动包括开幕式、闭幕式和其他与奥运相关的活动。绝大多数时间里，运动员接受其所在国的残奥会代表团的严格管理，统一进行活动。

残疾人运动员主要在场馆和冬残奥村活动，因而在场馆和冬残奥村为其提供便捷的生活服务为刚性要求，主要参照北京 2022 年冬残奥会《主办城市合同义务细则》《北京 2022 无障碍指南》两个文件中提出的强制性底线要求。残疾人运动员人数众多，需在提供服务时考虑服务频率和强度。

运动员所需的生活服务的重点是高标准的残奥村及其住宿配套服务、符合运动员文化和营养需求的餐饮服务、高效便捷的交通服务等。

② 工作人员。工作人员包括除运动员外的国家 / 地区残奥会代表团、国际单项体育联合会成员与技术官员、新闻媒体工作人员、转播商和其他工作人员（一般意义上的员工和志愿者）。这些不同业务领域的工作人员保障了冬残奥会的顺利举办，这些人员将会涉及各种情况的残疾人，比如行动障碍者、听觉障碍者、视觉障碍者等，但该群体中的残疾人比例相比运动员群体大大降低。

残疾的工作人员活动范围非常广泛。他们在指定的酒店住宿，在场馆的不同区域工作，会议中心、新闻中心、转播中心和颁奖广场等场所也会有残疾的工作人员。

· 除运动员外的国家 / 地区残奥会代表团。国家 / 地区残奥会代表团负责建立、组织和领导其所在国 / 地区的国家队，其中工作人员包括领队、教练员、医务人员和管理人员等，他们的活动场所与运动员的活动场所基本一致。其职责是为其所在国的运动员做好后勤保障工作，与主办国冬残奥会组织委员会沟通协商，解决赛会期间的各种问题。赛会期间，国家残奥委会代表团的活动多是围绕运动员比赛开展的，负责与运动员联系密切的保障工作。

国家 / 地区残奥会代表团所需的生活服务的重点是高标准的残奥村及其住宿配套服务、高效准时的交通服务等。

· 国际单项体育联合会成员与技术官员。国际单项体育联合会主要从事管理和推进残奥会各体育项目的资格审查，培训、认证和任命来自主办国之外的赛事官员（例如技术官员和分级人员），审批残奥会比赛的最终成绩和名次等工作。

国际单项体育联合会成员与技术官员包括主要工作人员和管理人员、董事会成员、国际技术官员和设备技术人员等。这些工作人员被禁止住在残奥村内，以避免与运动员过多接触而妨碍公正。他们在指定的酒店住宿，在比赛场馆工作。

国际单项体育联合会所需的生活服务的重点是靠近场馆的住宿服务、高效及时的交通服务等。

· 新闻媒体工作人员和转播商。新闻媒体工作人员主要分为新闻运行人员和网络电视运营人员两类。为了更好地做好冬残奥会宣传工作，他们会在正式比赛前开始工作。

新闻媒体和转播商通过报纸、网站、电视、广播和新媒体在全世界报道冬残奥会。工作人员主要包括经认可的记者和摄影记者、广播公司和广播电台人员、电视台人员等。根据往届冬残奥会计算[①]，一般会有500~700名记者、200~350名摄影师、600~700名持权转播商人员、100~150名非持权转播商人员，共计1 400~1 900人参加冬残奥会。他们主要的工作场所在场馆的混合区、媒体座席区、转播室以及新闻中心等。新闻媒体和转播商的运作需要专门的场所、设施和服务。

新闻媒体工作人员和转播商所需的生活服务主要有位置便利及价格合理的住宿服务、方便进出场馆的认证服务、可靠的媒体设施和服务等。

· 其他工作人员。其他工作人员通常包括冬残奥会组织委员会的工作人员、志愿者、由赞助商和供应商签约提供特定服务的工作人员（比如在餐饮、清洁、安保或交通等领域工作的人员）以及来自国家及地方的公职人员。在冬残奥会期间，会招募一定比例的残疾人员工和志愿者参与工作。

绝大多数的工作人员都是第一次参加冬残奥会，需要经过充分的准备和培训，才能做好各个领域的服务工作。

其他工作人员所需的生活服务主要有可靠的交通服务、体面的餐饮服务、统一的服装等。

③贵宾和观众。冬残奥会期间，残奥大家庭的高级管理人员（比如国际残奥委会主席和国际残奥委会委员、国际残奥委会行政部门领导及随员等）、邀请的贵宾（比如君主或国家元首、政府首脑、体育部长等其他政要）以及国内政要除出席开幕式、闭幕式等重要活动外，还将召开多次国际性工作会议。因此，残奥大家庭和国际政要关于生活服务方面的需求重点是工作和招待需求、高等级的安保服务。其中不乏身为残疾人的贵宾，在酒店住宿、观赛、旅游参观等方面，需提供高水平的无障碍服务。

赛会期间，主办城市将会吸引大量公众到访主办城市观赛及旅游，这给主办城市的正常运行带来巨大挑战，同时也为主办城市提供了展示自身水平的机会。公众（含现场观众）的活动受比赛日程的影响，相对来说具有波动性且比较分散。公众对生活服务方面的需求主要有票务服务、参与志愿者的机会、参与冬残

① 摘自《残奥会指南》（2015年9月），P62。

奥会大型活动等。主办城市需为残疾人观众提供交通、旅游、住宿等全面的无障碍生活服务。

冬残奥会各类参与者生活服务需求的汇总见表 5-6。

表 5-6　冬残奥会各类参与者生活服务需求汇总

<table>
<tr><th rowspan="2">分类</th><th rowspan="2">运动员</th><th colspan="4">工作人员</th><th colspan="2">贵宾和观众</th></tr>
<tr><th>除运动员外的国家/地区残奥会代表团</th><th>国际单项体育联合会成员与技术官员</th><th>新闻媒体工作人员和转播商</th><th>其他工作人员</th><th>贵宾</th><th>观众</th></tr>
<tr><td>住宿服务</td><td>残奥村及其住宿配套服务</td><td>残奥村及其住宿配套服务，并能满足代表团的工作需求</td><td>在残奥村之外统一的酒店及配套服务</td><td>酒店或其他住宿及配套服务</td><td>酒店或临时宿舍及配套服务</td><td>高标准酒店及配套服务</td><td>酒店及配套服务</td></tr>
<tr><td>居民服务</td><td colspan="7">必要的洗染服务、理发及美容服务、洗浴与保健养生服务等</td></tr>
<tr><td>餐饮服务</td><td colspan="2">安全的餐饮服务</td><td>经营性餐饮服务</td><td>经营性餐饮服务</td><td>食堂等餐饮服务</td><td>高标准的餐饮服务</td><td>场馆周边提供免费饮用水，经营性餐饮服务</td></tr>
<tr><td>交通服务</td><td colspan="2">残奥会代表团交通系统</td><td>国际单项体育联合会与技术官员交通系统</td><td>媒体交通系统</td><td>相应服务对象的运输系统及公共交通系统</td><td>配属车辆及司机，残奥会客户交通系统</td><td>公共交通系统</td></tr>
<tr><td>城市出行服务</td><td colspan="7">轨道、公路、航空、汽车租赁等城市出行服务</td></tr>
<tr><td>抵达和离开服务（含入境服务）</td><td colspan="5">团队服务。确保用于残奥会的动物（如导盲犬）、设备（如比赛用火器）和用品（如医疗用品）以及其他物品能够进入主办国</td><td>提供贵宾服务</td><td>提供一般性旅客服务</td></tr>
</table>

续表

分类	运动员	工作人员				贵宾和观众	
		除运动员外的国家/地区残奥会代表团	国际单项体育联合会成员与技术官员	新闻媒体工作人员和转播商	其他工作人员	贵宾	观众
标识服务	在场馆内、公共区域和城市区域规划、设计、安装、维护、拆除和回收与残奥会有关的指路标志						
医疗服务	反兴奋剂、医疗保健	医疗保健	明确界定的医疗保健服务			—	—
认证服务	身份注册服务，确保所有注册人员能够凭借护照（或同等证件）和残奥会身份和注册卡（PIAC）自由进入主办国					—	—
票务服务	优惠的运动员亲友门票以及部分国家残奥会代表团开闭幕式的免费门票	—	—	—	—	—	公平公正的票务服务
语言服务	全面的语言服务，包括笔译和专业口译						
服装服务	—	—	残奥会期间，为国际单项体育联合会成员和国际残奥委会官员提供与残奥会规模相似的FOP（field of play，竞赛场地）制服和相关配件	—	统一服装	—	—
维修服务	辅具租赁及维修服务						
气象服务	气象预报服务						

续表

分类	运动员	工作人员				贵宾和观众	
		除运动员外的国家/地区残奥会代表团	国际单项体育联合会成员与技术官员	新闻媒体工作人员和转播商	其他工作人员	贵宾	观众
媒体服务	—	—	—	提供相应服务，保障其工作顺利进行	—	—	—
国家残奥会服务	—	提供相应服务，保障其工作顺利进行	—	—	—	—	—
奥林匹克大家庭和贵宾服务（含家庭助理）	—	—	—	—	—	提供相应服务，保障其工作顺利进行。为重点人员提供家庭助理服务	—
旅游游览服务（含社区服务）	主办城市无障碍旅游服务						
金融（保险）服务	围绕残奥会，提供完善的金融（保险）服务						
零售服务和互联网销售服务	零售活动和互联网销售服务，如售卖纪念品、网上售卖日常用品等服务						
物流快递服务	如寄送、收取快递服务						
文化服务	组织和举办与残奥会有关的文化活动，制作节目指南，为残疾人观众提供服务，以便他们也能欣赏节目						
教育服务	为特定的文化和娱乐景点提供无障碍宣传教育计划						
培训服务	—	—	—	—	工作培训	—	—

续表

分类	运动员	工作人员				贵宾和观众	
		除运动员外的国家/地区残奥会代表团	国际单项体育联合会成员与技术官员	新闻媒体工作人员和转播商	其他工作人员	贵宾	观众
互联网服务	互联网服务						
信息服务	在竞赛场馆和非竞赛场馆有效提供信息服务手册						
技术服务	规划并实施筹备、举办残奥会所需的一切技术手段。提供媒体专用的网络通信服务，提供无线局域网						
安保服务（含应急服务）	保障所有人的安全，所有场馆、设施和住宿设施都设有方便轮椅通行的出口并制定考虑各类残障人士需求的应急安全预案						
清洁服务和废物管理	制订清洁服务标准，落实“绿色办奥”的理念						

5.5　小结

北京 2022 年冬残奥会在冬奥会闭幕式后大约两周举行，时间为 2022 年 3 月 4 日至 3 月 13 日。根据《主办城市合同》的要求，主办城市应为冬残奥会参与者提供与冬奥会相同的服务。

北京冬奥组委遵循国际残奥委会出台的一系列指导文件，结合不断变化的全球趋势，制定了北京 2022 年冬残奥会《主办城市合同义务细则》《北京 2022 无障碍指南》，这 2 份指导文件是成功规划和举办北京 2022 年冬残奥会并圆满完成赛会服务的依据。

可以看出，官方文件从满足冬残奥会参与者的需求出发，关注住宿服务、交通服务、医疗服务、餐饮服务等能够保证高质量筹办残奥会的重点领域，以保证各个领域之间相互联系协调，推进冬残奥会的筹办工作。

综合上述相关服务要求，我们将《主办城市合同义务细则》中要求提供的生活服务与智慧城市生活服务体系进行了对照，见表 5–7 所示。

表 5–7　《主办城市合同义务细则》中要求提供的生活服务与智慧城市生活服务体系框架对照

分类	智慧城市生活服务体系	《主办城市合同义务细则》		
		场馆与基础设施	赛会服务	产品与体验
住宿餐饮服务	智慧社区/建筑	残奥村	住宿	—
	智慧生活	残奥村	住宿	—
	智慧餐饮	残奥村、场馆	餐饮	—
交通出行服务	智慧交通	残奥村、场馆	抵离、交通	—
	智慧出行	残奥村、场馆	—	—
	智慧交通管理	指路牌	—	—

续表

分类	智慧城市生活服务体系	《主办城市合同义务细则》		
		场馆与基础设施	赛会服务	产品与体验
医疗卫生服务	智慧医疗	残奥村、场馆	医疗服务	—
	智慧健康	—	—	—
文化教育服务	新媒体	残奥村、场馆	语言服务	火炬传递
	智慧教育	—	—	—
旅游购物服务	智慧旅游/休闲	—	—	城市活动与庆典广场
	智慧金融	残奥村	—	—
	智慧零售	残奥村	—	—
	智慧物流	残奥村	—	—
体育（赛事保障）服务	智慧体育	场馆	注册	仪式、体育
城市基础服务	智慧基础设施	残奥村、场馆	技术	—
	智能安防	残奥村、场馆	—	—
	智慧能源	残奥村、场馆	—	—

通过表 5-7 可以看出，《主办城市合同义务细则》对主办城市的各项要求主要体现在场馆与基础设施、赛会服务、产品与体验 3 大方面，其具体服务内容均可以与住宿餐饮服务、交通出行服务、医疗卫生服务、文化教育服务、旅游购物服务、体育（赛事保障）服务、城市基础服务等对应，并且符合中国智慧城市生活服务的发展趋势。

综合来看，不同类别的冬残奥会参与者参与冬残奥会的程度不同，对生活服务方面的需求也大不相同。分类研究各类参与者的生活服务需求，可以更深入、准确地了解实际情况，为他们提供具有针对性的服务。各个服务领域要综合考虑、系统统筹才能发挥最大服务效益，提高冬残奥会的服务水平。

与常规赛事不同的是，冬残奥会参与者涉及大量的残疾人，残疾人的残障情况及程度会影响其对生活服务方面的需求，对便捷、无障碍的需求也更为强烈。因此，针对冬残奥会参与者的生活服务体系框架研究，需要结合各类参与者的残障情况进一步细化，以达到精准化、人性化的服务水平。

第6章　智慧生活服务体系框架构建——以面向北京2022年冬残奥会为例

6.1　北京2022年冬残奥会智慧生活服务体系框架构建的指导思想及原则

6.1.1　指导思想

以贯彻落实“绿色、共享、开放、廉洁”的办奥理念为原则，以冬残奥会各类参与者的智慧生活服务现实需求为导向，以先进的信息技术为支撑，以重点领域的建设与应用为核心，借鉴国内外相关经验，加强智慧生活服务发展的顶层设计，构建面向北京2022年冬残奥会的智慧生活服务体系框架。

6.1.2　原则

（1）目标导向原则

北京2022年冬残奥会智慧生活服务体系框架的目标是明确的：一是服务冬

残奥会，二是提供智慧生活服务。一方面，该体系是围绕北京2022年冬残奥会各类参与者在生活服务领域关于智慧化、便捷化的多层次、全方位的现实需求，依据国家政策文件和调研分析进行系统设计和科学构建的，以能够直接服务于北京2022年冬残奥会的筹办工作为目标。另一方面，该体系所体现的智慧生活服务不是一个"用后即弃"的暂时功能，而是期望通过冬残奥会的举办提升主办城市的整体生活服务水平，为主办城市在残奥后的继续发展奠定基础，明确方向，并为中国其他城市提供借鉴。

（2）系统性原则

一个城市或地区的生活服务体系内容非常庞杂，以智慧技术为手段可以极大地提高其系统性。本书4.4节提出了"基于智慧城市的生活服务体系框架"，在此基础上，北京2022年冬残奥会智慧生活服务体系框架综合考虑了具体的服务要素，根据冬残奥会举办的要求理清要素之间的关系，包括重要性权重、衔接与支持、层级等，通过搭建智慧生活服务支撑管理平台进行统筹，形成系统性和多层级的整体框架。

（3）开放性原则

北京2022年冬残奥会智慧生活服务体系框架应该是开放的，具有不断更新完善的空间，可以围绕北京2022年冬残奥会的筹办需要，根据信息技术发展以及赛会保障需要及时完善补充。同时，体系的开放性还体现在体系的基本框架是普适的，细节架构是弹性的，具有长期适用的能力。为达此开放性，可以利用统一的云平台、大数据应用服务中心等进行信息和系统整合，打造开放、共享的智慧生活服务体系。

6.2　面向北京 2022 年冬残奥会的各类智慧生活服务划分

根据《主办城市合同》提出的目标和主要任务，根据基于智慧城市的生活服务体系框架的研究结论，结合冬残奥会的特点和具体需求，汇总面向北京 2022 年冬残奥会智慧生活服务内容（见表 6-1）。

表 6-1　面向北京 2022 年冬残奥会智慧生活服务内容汇总

<table>
<tr><th>大类</th><th>智慧城市发展及评价体系</th><th>《生活性服务业统计分类(2019)》</th><th>智慧城市生活服务应用</th><th>面向北京 2022 年冬残奥会的生活服务需求调研</th></tr>
<tr><td rowspan="3">住宿餐饮服务</td><td>智慧社区/建筑</td><td>住宿服务</td><td>智慧社区/建筑</td><td>住宿服务</td></tr>
<tr><td>智慧生活</td><td>居民服务</td><td>智慧生活</td><td>居民服务</td></tr>
<tr><td>—</td><td>餐饮服务</td><td>智慧餐饮</td><td>餐饮服务</td></tr>
<tr><td rowspan="7">交通出行服务</td><td rowspan="7">智慧交通</td><td>—</td><td>智慧交通</td><td>交通服务</td></tr>
<tr><td>居民城市出行服务</td><td rowspan="2">智慧出行</td><td>城市出行服务</td></tr>
<tr><td>居民远途出行服务</td><td>—</td></tr>
<tr><td>—</td><td>—</td><td>抵离服务(含入境服务)</td></tr>
<tr><td>—</td><td>—</td><td>标识服务</td></tr>
<tr><td>—</td><td>智慧交通管理</td><td>—</td></tr>
<tr><td colspan="3" style="display:none"></td></tr>
<tr><td rowspan="2">医疗卫生服务</td><td rowspan="2">医疗卫生</td><td>医疗卫生服务</td><td>智慧医疗</td><td>医疗服务</td></tr>
<tr><td>其他健康服务</td><td>智慧健康</td><td>—</td></tr>
</table>

续表

<table>
<tr><th>大类</th><th>智慧城市发展及评价体系</th><th>《生活性服务业统计分类(2019)》</th><th>智慧城市生活服务应用</th><th>面向北京2022年冬残奥会的生活服务需求调研</th></tr>
<tr><td rowspan="7">文化教育服务</td><td rowspan="5">—</td><td>新闻出版服务</td><td rowspan="5">新媒体</td><td rowspan="5">文化服务</td></tr>
<tr><td>广播影视服务</td></tr>
<tr><td>居民广播电视传输服务</td></tr>
<tr><td>文化艺术服务</td></tr>
<tr><td>数字文化服务</td></tr>
<tr><td>智慧教育</td><td>正规教育服务</td><td>智慧教育</td><td>教育服务</td></tr>
<tr><td>—</td><td>培训服务</td><td>—</td><td>培训服务</td></tr>
<tr><td rowspan="7">旅游购物服务</td><td rowspan="7">—</td><td>旅游游览服务</td><td rowspan="3">智慧旅游/休闲</td><td rowspan="3">旅游游览服务(含社区服务)</td></tr>
<tr><td>旅游娱乐服务</td></tr>
<tr><td>旅游综合服务</td></tr>
<tr><td>居民金融服务</td><td>智慧金融</td><td>金融(保险)服务</td></tr>
<tr><td>居民零售服务</td><td>智慧零售</td><td rowspan="2">零售服务和互联网销售服务</td></tr>
<tr><td>互联网销售服务</td><td>—</td></tr>
<tr><td>物流快递服务</td><td>智慧物流</td><td>物流快递服务</td></tr>
<tr><td rowspan="9">赛事保障服务</td><td rowspan="9">—</td><td rowspan="9">体育服务</td><td rowspan="9">智慧体育</td><td>认证服务</td></tr>
<tr><td>票务服务</td></tr>
<tr><td>语言服务</td></tr>
<tr><td>服装服务</td></tr>
<tr><td>维修服务</td></tr>
<tr><td>气象服务</td></tr>
<tr><td>媒体服务</td></tr>
<tr><td>国家/地区奥委会服务</td></tr>
<tr><td>奥林匹克大家庭和贵宾服务(含家庭助理)</td></tr>
</table>

续表

大类	智慧城市发展及评价体系	《生活性服务业统计分类(2019)》	智慧城市生活服务应用	面向北京 2022 年冬残奥会的生活服务需求调研
城市基础服务	数字化、信息资源	居民互联网服务	—	互联网服务
	—	—	—	信息服务
	—	居民电信服务	智慧基础设施	技术服务
	安全和安保	—	智能安防	安保服务(含应急服务)
	环境与能源	—	智慧能源	清洁服务和废物管理

综合表 4-6 所梳理的各项服务内容，面向北京 2022 年冬残奥会的各类智慧生活服务体系框架主要由住宿餐饮服务、交通出行服务、医疗卫生服务、文化教育服务、旅游购物服务、赛事保障服务、城市基础服务 7 个大类和智慧生活服务支撑管理平台组成（图 6-1），每大类的服务内容需要根据服务对象的类型和北京 2022 年冬残奥会的具体要求进行细化，以便更有针对性地提供服务。

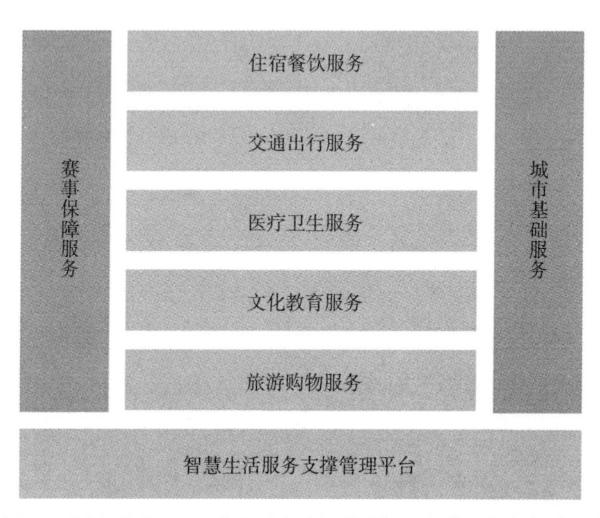

图 6-1　面向北京 2022 年冬残奥会智慧生活服务体系框架组成示意

6.2.1　住宿餐饮服务

住宿餐饮服务主要包括住宿服务、居民服务、餐饮服务以及其他住宿餐饮服务，直接关系食和住，是最基本的生活服务，其服务水平直接影响冬残奥会能否顺利举行。住宿服务主要是为各类冬残奥会参与者提供数量充足、位置优越、价格合理的短期留宿场所和相应的服务，包括但不限于冬残奥村、各类旅游饭店、一般旅馆、民宿等；居民服务主要包括专营的洗染服务、理发及美容服务、洗浴与保健养生服务等日常生活所必需的服务；餐饮服务是在尊重饮食需求以及文化和宗教情感的基础上，提供包括但不限于正餐、快餐、饮料、小吃等服务，除了堂食服务外，还包括餐饮配送、外卖送餐等服务。

6.2.2 交通出行服务

交通出行服务主要包括残奥交通服务、城市出行服务、远途出行服务、标识服务以及其他交通出行服务。快捷、可靠、安全、舒适的交通出行服务是成功举办冬残奥会的必要条件。残奥交通出行服务主要是为保障冬残奥会的正常运行，向各类参与者（主要包括运动员、工作人员、公众等）提供不同类别的专项交通服务。城市出行服务更多的是为了应对冬残奥会期间大量的国内外访客，保障冬残奥会主办城市的正常运行而提供的服务，包括但不限于公共电汽车客运服务、城市轨道交通服务、出租车客运服务、公共自行车服务、停车服务等。远途出行服务是为各类参与者提供的在中国境内城市出行的服务，包括但不限于铁路出行服务、道路出行服务、航空出行服务、汽车租赁服务、旅客票务代理服务等。标识服务是为参与者提供冬残奥会的各类交通指引标识，其应与前三项服务统筹考虑。

6.2.3 医疗卫生服务

医疗卫生服务主要包括医疗服务、保健服务和其他医疗卫生服务。冬残奥会期间，应向运动员、贵宾和来自全世界各地的观众提供全面、便捷和高效的医疗卫生服务。对于主办城市来说，在完善医疗卫生综合保障体系的基础上，需重点提升冬季竞技运动易发损伤和急重症的处理与诊治技术水平，向奥林匹克大家庭成员和经认可的人员免费提供保健服务。其他医疗卫生服务主要包括互联网医疗服务、健康咨询服务等，面向所有人。

6.2.4　文化教育服务

文化教育服务主要包括新闻出版服务、广播影视服务、居民广播电视传输服务、文化艺术服务、数字文化服务、教育服务、培训服务以及其他文化教育服务。举办冬残奥会文化教育活动可以有效提高全民族的体育意识，展示民族文化。文化艺术服务主要是结合主办城市以及主办国的文化，在与文化奥运融合、追求效益的同时，积极宣传推广冬残奥会的理念、精神、文化氛围，制作一系列关于冬残奥会的文化节目。教育服务主要是教育青少年及其家庭了解冬残奥会的理念和相关知识，通过学校、俱乐部等组织开展有关冬残奥会体育项目、冬残奥会体育精神及价值观的教育活动。

6.2.5　旅游购物服务

旅游购物服务主要包含旅游游览服务、旅游娱乐服务、旅游综合服务、金融（保险）服务、零售服务、互联网销售服务、物流快递服务以及其他旅游购物服务。举办冬残奥会能够带动主办城市旅游业、服务业以及相关产业的发展。旅游者大致分为两类：一是运动员和随队官员、奥林匹克大家庭、媒体代表等；二是在冬残奥会信息宣传效应下，决定到主办城市旅游的广大国内外游客。旅游人数的大量增加，将带动旅游业收入的大幅增加，进而带动购物、交通、住宿、餐饮等相关产业发展，形成旅游购物消费链。然而，受国内外新冠疫情（以下简称“疫情”）的影响，本着对运动员和奥林匹克大家庭所有利益相关者的健康高度负责的态度，北京 2022 年冬残奥会不面向海外观众，只面向符合疫情防控相关要求的国内观众。

6.2.6　赛事保障服务

赛事保障服务主要包括认证服务、票务服务、语言服务、服装服务、维修服务、气象服务、安保服务、特别服务以及其他赛事保障服务。赛事保障服务是冬残奥会的核心，涉及面广、难度大，关键是有效地协调各服务要素、保障各类参与者的基本权益。其中，认证服务是向冬残奥会运动员及工作人员提供认证服务；票务服务包括观众票务服务、运动员及部分国家残奥会代表团的优惠票务服务等；语言服务包括同声传译服务、笔译服务等；服装服务是免费向工作人员提供赛时服装服务；维修服务是免费向运动员、工作人员提供轮椅等器具维修服务；气象服务是提供优质的气象服务；安保服务包括赛事及重大活动安保服务、应急服务等；特别服务包括向国家 / 地区奥委会、奥林匹克大家庭和贵宾、媒体等对象提供保障服务。

6.2.7 城市基础服务

城市基础服务主要包括互联网服务、信息技术服务、环境卫生管理服务以及其他城市基础服务。冬残奥会期间，主办城市将举办一系列城市活动（如冬残奥会火炬传递等），营造“更快、更高、更强、更团结”的奥林匹克氛围。城市基础服务一方面服务于冬残奥会城市现场活动，另一方面保障主办城市的正常运转。其中，互联网服务主要包括互联网信息服务、互联网生活服务平台、互联网体育服务等；信息技术服务包括信息系统集成服务、物联网技术服务、数字内容服务等；环境卫生管理服务包括城市清洁服务、垃圾分类回收服务等。

6.2.8 智慧生活服务支撑管理平台

充分运用云计算、大数据、物联网、移动化互联网等技术，将上述 7 大类服务的数据与服务资源全面接入，实现数据支撑与服务融合，并能适应冬残奥会各类服务需求的动态调整，构建一个延展开放、安全高效、全面互联感知的智慧生活服务支撑管理平台。

6.3　建立面向冬残奥会的智慧生活服务体系框架

综上所述，面向冬残奥会的各类智慧生活服务体系框架由 7 大类服务和 1 个平台组成的“7+1”模式构成，每一大类生活服务的服务要素通过与智慧生活服务支撑管理平台互联衔接、协同配合，形成完善、开放的生活服务体系，向冬残奥会各类参与者提供全方位、多层次、精准高效的生活服务。面向冬残奥会的智慧生活服务体系框架见表 6–2。

表 6–2　面向冬残奥会的智慧生活服务体系框架

<table>
<tr><th colspan="3">生活服务分类</th><th rowspan="2">生活服务管理平台</th></tr>
<tr><th>大类</th><th>中类</th><th>主要服务要素(供参考)</th></tr>
<tr><td rowspan="4">住宿餐饮服务</td><td>住宿服务</td><td>冬残奥村、各类旅游饭店、一般旅馆、民宿等</td><td rowspan="11">智慧生活服务支撑管理平台</td></tr>
<tr><td>居民服务</td><td>洗染服务、理发及美容服务、洗浴与保健养生服务等</td></tr>
<tr><td>餐饮服务</td><td>正餐、快餐、饮料、小吃、餐饮配送、外卖送餐等</td></tr>
<tr><td>其他住宿餐饮服务</td><td>其他必要的住宿餐饮服务</td></tr>
<tr><td rowspan="5">交通出行服务</td><td>残奥交通服务</td><td>为各类参与者提供的专项交通服务</td></tr>
<tr><td>城市出行服务</td><td>公共电汽车客运服务、城市轨道交通服务、出租车客运服务、公共自行车服务、停车服务</td></tr>
<tr><td>远途出行服务</td><td>铁路出行服务、道路出行服务、航空出行服务、汽车租赁服务、旅客票务代理、其他</td></tr>
<tr><td>标识服务</td><td>提供冬残奥会的各类交通指引标志服务，应与前三项服务统筹考虑</td></tr>
<tr><td>其他交通出行服务</td><td>其他必要的交通出行服务，如提供导盲犬等</td></tr>
<tr><td rowspan="2">医疗卫生服务</td><td>医疗保健服务</td><td>医院服务、兴奋剂检测、急救中心服务等</td></tr>
<tr><td>其他医疗卫生服务</td><td>其他必要的医疗卫生服务，如互联网医疗服务、健康咨询服务等</td></tr>
</table>

续表

生活服务分类			生活服务管理平台
大类	中类	主要服务要素(供参考)	
文化教育服务	新闻出版服务	新闻服务、出版服务等	智慧生活服务支撑管理平台
	广播影视服务	广播服务、电视服务、电影放映服务等	
	居民广播电视传输服务	有线广播电视服务和无线广播电视服务	
	文化艺术服务	文艺创作与表演服务、图书借阅服务、群众文体服务等	
	数字文化服务	体育内容服务、互联网体育服务、数字出版软件开发、互联网搜索服务等	
	教育服务	无障碍意识教育,冬残奥会体育项目、体育精神及价值观教育	
	培训服务	工作人员培训、餐饮服务培训、旅游服务培训等	
	其他文化教育服务	其他必要的文化教育服务	
旅游购物服务	旅游游览服务	公园景区服务、体育旅游服务等	
	旅游娱乐服务	室内娱乐服务、游乐园、休闲观光活动	
	旅游综合服务	商务、组团、散客的旅游服务	
	金融(保险)服务	意外伤害保险、消费退税等	
	零售服务	百货零售、超级市场零售、便利店零售、专卖店专门零售服务等	
	互联网销售服务	通过电子商务平台开展的销售服务	
	物流快递服务	国内物流快递服务、国际物流快递服务	
	其他旅游购物服务	其他必要的旅游购物服务	
体育(赛事保障)服务	认证服务	向冬残奥会运动员及工作人员提供认证服务	
	票务服务	观众票务服务、运动员及部分国家残奥会代表团的优惠票务服务等	
	语言服务	同声传译服务、笔译服务	
	服装服务	免费向工作人员提供赛时服装服务	
	维修服务	免费向运动员、工作人员提供轮椅等器具维修服务	
	气象服务	提供优质的气象服务	
	安保服务	赛事及重大活动安保服务、应急服务等	
	特别服务	向国家/地区奥委会、奥林匹克大家庭和贵宾(含家庭助理)、媒体等提供服务	
	其他体育(赛事保障)服务	其他必要的体育(赛事保障)服务	

续表

生活服务分类			生活服务管理平台
大类	中类	主要服务要素(供参考)	
城市基础服务	互联网服务	互联网信息服务、互联网生活服务平台、互联网体育服务等	智慧生活服务支撑管理平台
	信息技术服务	信息系统集成服务、物联网技术服务、数字内容服务等	
	环境卫生管理服务	城市清洁服务、垃圾分类回收服务等	
	其他城市基础服务	其他必要的城市基础服务	

6.4 北京 2022 年冬残奥会智慧生活服务的实际情况

面向北京 2022 年冬残奥会的智慧生活服务体系框架是一项庞大的系统工程。体系框架的研究旨在有目的、有步骤、有计划地整合各个服务领域的服务需求，通过智慧生活服务支撑管理平台，促进云计算、大数据、物联网等新一代信息技术在生活服务领域的总体规划和建设应用，规范和引导中国智慧生活服务领域的健康和可持续发展。

6.4.1 住宿餐饮服务

根据相关新闻报道，在北京 2022 年冬残奥会期间，北京冬奥组委按照“三个赛区、一个标准”，出色完成了住宿、餐饮等业务领域的服务保障工作。在明确供需对接模式的前提下，动态调整住宿工作方案，优化调整 82 家签约饭店，并进一步规范提升了签约饭店的服务项目和质量，增加了便利店、洗衣烘干、特色商品展卖、24 小时客房送餐、金融等服务项目。

（1）三个赛区的冬奥村（冬残奥村）

北京 2022 年冬奥会的三个赛区的冬奥村自 2022 年 1 月 27 日正式开村，2 月 23 日闭村；冬残奥村自 2022 年 2 月 25 日正式开村，3 月 16 日闭村。冬奥村（冬残奥村）是本届赛会最大的非竞赛场馆，也是提供服务保障时间最长的场馆之一。

北京、延庆、张家口三个赛区的冬残奥村按照《北京 2022 无障碍指南》的标准建设无障碍设施，为残奥运动员及随队官员提供了住宿、餐饮、医疗、交通、健身、娱乐、商业等全方位的服务（图 6-2~ 图 6-7）。除此之外，三个赛区的冬奥村（冬残奥村）各有特色。

北京冬奥村（冬残奥村）居住区分东、西两区，冬奥会期间东西两区各启用9栋公寓楼，可提供客房2 234间，床位2 338张。冬残奥会期间只启用西区9栋公寓楼，可提供客房1 040间。公寓楼内应用的多式联运空调系统设有智能模块，可对每个房间的温度控制进行单独处理，从而有效防止疫情扩散。卧室中的智能床采用记忆棉材质，床的形态还能调整切换，可更好地保障运动员的睡眠。

延庆冬奥村（冬残奥村）的建筑依山而建，共分为居住区、广场区和运行区3个区域，提供无障碍客房79套共158间，接待参加残奥高山滑雪项目的37个代表团的运动员和随队官员。各服务区域的出入口均为无障碍出入口，设有低位服务设施、无障碍卫生间或无障碍厕位。卧室的窗户把手、电源插座、开关面板、救助呼叫按钮的高度都降低了，家具也能满足残疾人的使用需要。

张家口冬奥村（冬残奥村）位于张家口赛区的核心区域，占地19.7万平方米，总建筑面积为23.9万平方米，共有31栋建筑，1 668个房间。在冬残奥会期间，增加了必要的无障碍设施、盲文引导标识等，对无障碍功能空间、流线、服务设施等进行了必要的整改、改造和提升。

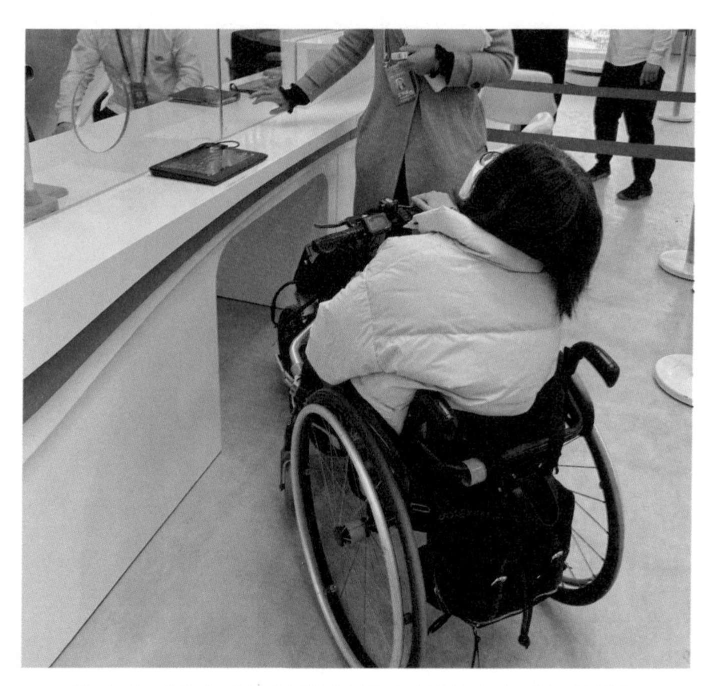

图6-2　北京冬奥村（冬残奥村）内服务柜台（摄影：焦舰）

图 6-3　北京冬奥村（冬残奥村）内餐厅（摄影：焦舰）

图 6-4　北京冬奥村（冬残奥村）内地面处理（摄影：焦舰）

图 6-5　延庆冬奥村（冬残奥村）客房卫生间 1（摄影：焦舰）

图 6-6　延庆冬奥村（冬残奥村）客房卫生间 2（摄影：焦舰）

图 6-7　延庆冬奥村（冬残奥村）健身房（摄影：焦舰）

（2）涉奥签约饭店

为保证向国际（残）奥委会、国际单项体育联合会、国家 / 地区（残）奥委会、转播商、新闻媒体等各利益相关方提供高质量的住宿餐饮服务，本届赛会确定了 82 家官方接待饭店。其中，北京赛区 45 家、延庆赛区 15 家、张家口赛区 22 家。

按照《北京 2022 无障碍指南》《北京 2022 年冬残奥会签约饭店无障碍客房改造工作方案》的要求，签约饭店完成了无障碍客房、轮椅友好型客房及酒店公共区域配套无障碍环境的改造，并增加了相应的无障碍家具部品（图 6-8、图 6-9）。同时，在住宿接待、防疫保障、饮食服务等方面，对工作和服务人员进行了系统化的培训。

图 6-8　签约酒店客房 1（摄影：焦舰）

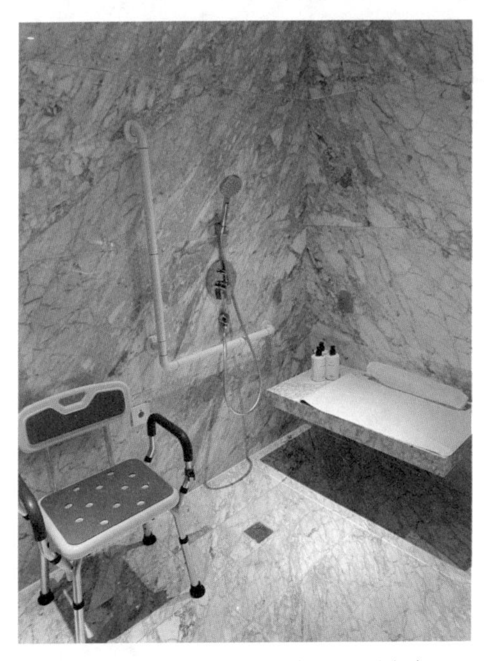

图 6-9　签约酒店客房 2（摄影：焦舰）

（3）智慧生活服务

“无障碍、便捷智慧生活服务体系及智能化无障碍居住环境研究与示范”课题所开发和研制的智慧管理服务系统平台及终端设备成果，在北京 2022 年冬奥会和冬残奥会期间得到了充分应用和示范。

“基于物联网的冬残奥村无障碍便捷智能运维管理平台”“针对不同残障特点的无障碍生活智能终端设备”平台软件及硬件于 2022 年 1 月 22 日在北京冬奥村（冬残奥村）部署完成。在北京冬奥村（冬残奥村）中控室部署平台服务器（图 6–10），在餐厅、健身中心、核酸检测点、综合诊所部署人流量监测及无障碍卫生间占位传感器。运动员手册对平台访问信息进行了说明。代表团成员可通过个人移动端扫码查阅（图 6–11），也可通过公共空间主要出入口的可视化屏实时了解空间人流量情况（图 6–12），管理人员可通过中控室后台 PC 端（PC 端是指网络世界里可以连接到电脑主机的那个端口，是基于电脑的界面体系）了解园区情况（图 6–13）。

图 6–10　管理平台在北京冬奥村（冬残奥村）中控室应用（摄影：郑楠）

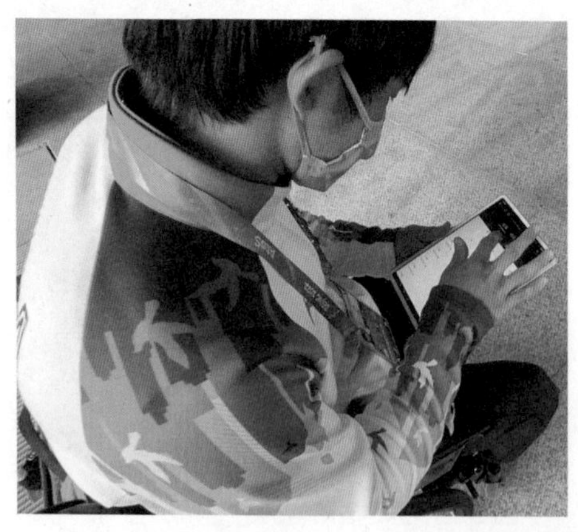

图 6–11　冬残奥中国代表团的运动员通过个人移动端查看园区信息（摄影：郑楠）

图 6-12　运动员餐厅入口处人流状态显示屏（摄影：郑楠）

图 6-13　管理人员通过 PC 端查看餐厅人流量情况（摄影：郑楠）

在北京 2022 年冬奥会和冬残奥会期间，通过人员感知设备对人流量状态进行实时统计，利用自主研发算法对人流数据进行分析、预测，可供运行管理人员进行实时人流量查询及当日人流量预测，满足疫情防控管理要求。自 1 月 23 日测试上线至 3 月 16 日冬残奥村闭村，平台浏览的次数为 336 次，访客数为 155 人，平均停留时间为 4 分钟，6 个监测空间的累计人流量为 1 257 353 人。同时，为北京 2022 年冬奥会和冬残奥会运动员及随队官员提供园区信息指引，包括园区地图、公共空间人流量查询、无障碍路线指引、无障碍卫生间空位查询等服务，指引运动员及随队官员对公共空间及无障碍设施进行有效利用。

除了应用本课题的研究成果之外，三个赛区的冬奥村（冬残奥村）均布设了智能机器人，配备了智能门锁、智能控制器等智能设备以及智能安防系统，并在公共区域布设智慧自助共享设备（图 6-14）。

此届赛会，冬奥村（冬残奥村）内的运动员餐厅的智能化得到广泛关注，设有智能引导机器人、炒菜机器人等多种机器人，还配备智能餐台、智能取餐柜等设施。餐厅还增设了盲文菜单区，引导视觉障碍运动员通过触摸获取菜品信息。

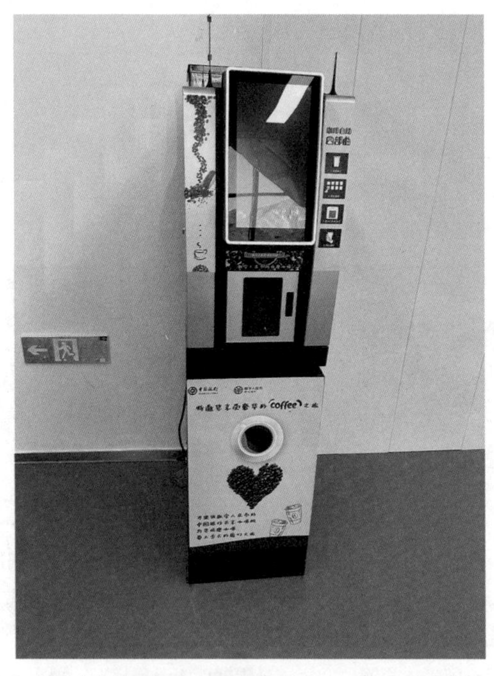

图 6-14　延庆冬奥村（冬残奥村）可使用数字人民币的咖啡共享机（摄影：焦舰）

6.4.2　医疗卫生服务

自北京 2022 年冬（残）奥会筹办以来，其主办地区统筹协调本地医疗资源，精心制定救治方案，以最优医疗力量精准保障了赛事的正常进行。国际滑雪和单板滑雪联合会（简称“国际雪联”，FIS）医疗委员会副主席珍妮·舒特在接受采访时表示，北京冬奥会雪上项目医疗保障近乎顶级，遇到什么样的情况都能应对。在北京冬奥会、冬残奥会总结表彰大会上，北京、张家口两地的卫生健康委均获得“突出贡献集体”称号。

（1）新冠疫情防控

为减少疫情带来的影响，北京冬奥组委联合国际奥委会、国际残奥委会发布了《北京 2022 年冬奥会和冬残奥会防疫手册》，制定了一系列全面而详细的防疫措施，保障了赛事的平稳运行。

《北京 2022 年冬奥会和冬残奥会防疫手册》规定了六项原则：一是简化办赛，最大限度地减少非必要活动和环节，特别是压减人员规模；二是坚持接种疫苗；三是坚持闭环管理；四是坚持有效处置，一旦发现疫情，科学精准及时处置；五是坚持防控一体化，把冬奥会疫情防控全面融入主办城市疫情防控体系，确保赛事和城市安全；六是坚持统筹兼顾，在严格落实疫情防控措施的同时，以运动员为中心，兼顾各方需求，提升参赛体验，创造良好条件。

（2）建立多维度的医疗诊疗体系

冬（残）奥会期间，北京和张家口地区构建了由各场馆医疗站、冬奥村（冬残奥村）综合诊所、定点医院组成的三级医疗服务体系，并有“120”和“999”两大急救系统，开展了针对残疾人的特殊医疗救助服务培训，可根据赛事的具体情况进行灵活配置。

在三级医疗服务体系中，各场馆医疗站以急救为主，针对张家口赛区、延庆赛区雪上转运伤员可能出现的地上交通困难等情况，均配备了直升机救援，以确保直升机在 5 分钟内到达赛道，在 15 分钟内将危重患者转运到定点医院；三个冬奥村（冬残奥村）的综合诊所以非紧急全科、专科诊疗及部分急救为主，内设牙科、急诊科、内科、外科、眼科、耳科等 18 个科室，满足每天 16 小时基本门诊和 24 小时紧急救治和转运需求（图 6-15）；定点医院以重伤重症和康复治疗为主，北京市和河北省确定了 41 家医疗卫生机构作为冬（残）奥会定点医院，并制定了“一院一策”医疗保障方案。

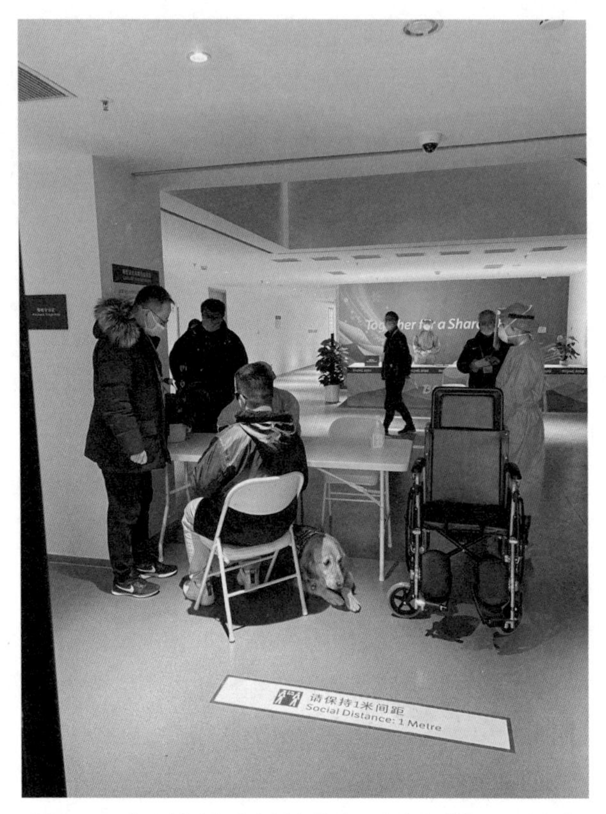

图 6-15　冬奥村（冬残奥村）的诊所分诊台（摄影：焦舰）

（3）智慧医疗保障服务

智慧医疗与 5G、AI、云计算、物联网等新技术的融合创新应用，有力地提升了本届冬（残）奥会的整体医疗救治水平。引入穿戴式医疗级智能设备，如智能体温计，使用者仅需要将手指肚大小的体温计用创可贴贴在腋下或上臂，即可用手机应用程序查看体温，该体温数据还会自动上报至后台，便于疫情防控管理；针对冬（残）奥会赛场可能发生的创伤和冻伤等情况，配备了“智能移动方舱”，实现了冰雪赛场上的应急救护，可进行发现伤情、快速查体、转运救护、出具报告、实时远程会诊等多项医疗服务。另外，在赛场之外，还于此次赛会的公共场所部署了一些智慧医疗保障先进技术和设备，服务于赛会所有参与者（图

6-16）。

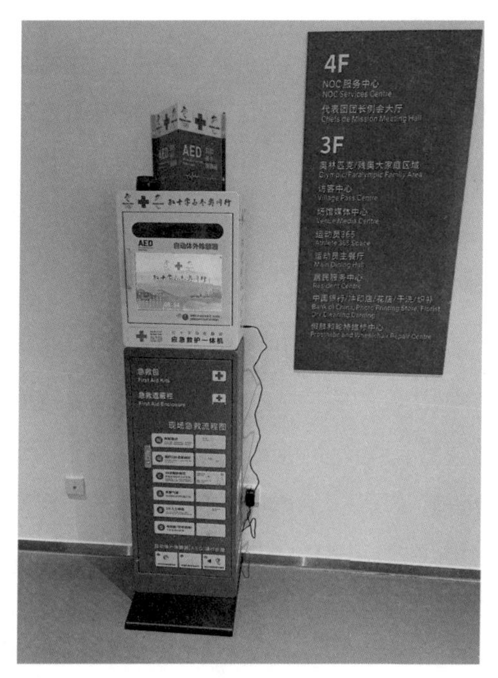

图 6-16　部署在冬奥村（冬残奥村）的应急救护一体机（摄影：焦舰）

6.4.3　文化教育服务

（1）改造提升文化教育设施

在北京 2022 年冬奥会和冬残奥会召开之前的三年时间内，主办城市开展了文化教育设施的无障碍环境建设专项行动，对包括图书馆、文化馆、剧院等在内的重点文化设施进行有计划的无障碍设施和服务提升，通过梳理无障碍通道、增补轮椅席位、完善无障碍标识系统等工作，尽力在文化场所营造良好的无障碍氛围。

（2）举办形式丰富的文化活动

除常规的冬（残）奥会赛事直播和转播活动以外，主办城市的文化宣传机构还推出了《北京 2022》《全景看冬奥》《冬奥进行时》《冬奥山水间》《双奥之城》《北京日记》《大约在冬季》等一系列视频节目以及北京冬奥精神主题展览、迎冬奥冰雪艺术展、“梦圆冬奥 悦向未来”等展览活动，并留下了丰富的冬奥文化遗产。

（3）推动冰雪运动教育

各类各级的教育部门因地制宜地将冬季项目纳入教学体系，在校园中推广和普及冰雪运动和冬（残）奥会文化，积极开展冰雪类课外活动，给广大青少年提供学习冬（残）奥会运动项目知识、体验冬（残）奥会文化、培养冰雪运动兴趣的机会。

6.4.4 旅游购物服务

中国在申奥过程中向国际社会做出“带动三亿人参与冰雪运动”的承诺，北京 2022 年冬奥会和冬残奥会的成功举办令愿景变为现实。2021 年 2 月，文化和旅游部、国家发展改革委、体育总局印发《冰雪旅游发展行动计划（2021—2023 年）》，通过扩大冰雪旅游优质产品供给、深挖冰雪旅游消费潜力、推动冰雪旅游与相关行业融合、提升冰雪旅游公共服务、夯实冰雪旅游发展基础等一系列任务措施，引导大众参与冰雪运动、冰雪旅游，切实推动了我国冰雪旅游高质量发展。

（1）发布“筑梦冰雪·相伴冬奥”全国冰雪旅游精品线路

为进一步营造冬奥氛围，在冬（残）奥会开幕前，文化和旅游部发布了涵盖北京、河北、黑龙江、吉林、辽宁、新疆、内蒙古等 7 个北方冰雪旅游目的地的 10 条冰雪旅游精品线路①，以宣传和推广冰雪文化、旅游产品以及特色活动。据中国旅游研究院发布的《中国冰雪旅游发展报告（2022）》，全国冰雪休闲旅游人数从 2016—2017 年冰雪季的 1.7 亿人次增加到 2020—2021 年冰雪季的 2.54 亿人次。

（2）基于 5G 打造智慧冰雪娱乐活动

2020 年至 2022 年线下实体体验的场景类娱乐活动均受到疫情不同程度的影响，5G+ 智慧冰雪应运而生。5G+ 智慧冰雪充分利用 5G 网络的高带宽和低时延特性，通过大量应用 VR 技术、智能化人机交互功能、360 度全景直播等前沿技术，给人带来焕然一新的冰雪体验。

---

① 文化和旅游部．“筑梦冰雪·相伴冬奥”全国冰雪旅游精品线路发布 [EB/OL].（2022-01-19）[2022-10-12].https://zwgk.mct.gov.cn/zfxxgkml/zcfg/zcjd/202201/t20220126_930707.html.

（3）形成大众冰雪消费市场

充分利用北京 2022 年冬奥会和冬残奥会带来的契机以及冬（残）奥会留下的遗产，已经初步在全国大城市内形成了围绕冰雪休闲运动娱乐的大众市场。不同气候区域根据自身气候和地理特点因地制宜选择合适的项目，同步开拓室内室外活动，并推动冰雪运动向四季拓展。现在已经出现大量的室内滑雪场地、冰雪商业综合体、室外戏雪休闲乐园等商业休闲场所，上冰、上雪人数实现了爆炸性增长，市场热度持续升温。

6.4.5　交通出行服务

在《北京市进一步促进无障碍环境建设 2019—2021 年行动方案》的指导下，北京市全面开展了城市道路和公共交通无障碍的改造提升行动，达到了主要道路盲道基本没有断点、缘石坡道基本零高差；1.2 万余辆公交车配备无障碍导板等设施，地铁 1 号、2 号线等老线车站更新了 59 部爬楼车和 142 部轮椅升降平台。截至 2022 年 1 月，张家口市共改造了盲道 358.58 千米、缘石坡道 4 422 处、无障碍卫生间 680 个，设置无障碍电梯、升降平台 101 部，无障碍停车位 805 个。无障碍环境建设硬件设施建设水平的提升，使得更多残疾人、老年人可以独立出行[①]。

（1）交通出行无障碍服务

在冬（残）奥会期间，北京冬奥组委制定了一套完整的交通出行方案，统筹做好赛时交通组织、疏导和服务等工作，为轮椅使用者提供了近 300 辆 4 种车型的无障碍车辆，其中包括可停放 6 台轮椅的大巴车（图 6–17）、可停放 4 台轮椅的中巴车、可停放 2 台轮椅的商务车以及座椅可旋转的商务车，此外还投放运营了 100 余辆无障碍专用出租车，全方位满足涉奥人员的无障碍出行。

① 北京日报 . 冬残奥会要闻 | 让残疾人走出家门看到人生风景 [EB/OL].（2022-03-01）[2022-10-12]. https://baijiahao.baidu.com/s?id=1726087673445836475&wfr=spider&for=pc.

图 6-17　可停放 6 台轮椅的大巴车（摄影：焦舰）

（2）北京出行即服务（MaaS）平台助力市民出行

自 2019 年推出至北京 2022 年冬奥会召开，北京 MaaS 平台已整合接入公交、地铁、出租车、停车场等 17 个领域的数据资源，为市民提供精细化、一站式的交通出行服务。在北京 2022 年冬奥会和冬残奥会期间，北京 MaaS 平台上线了无障碍出行服务，出行者通过手机地图应用程序查询地铁线路时，可以在其中地铁站的详情页面了解该地铁站的无障碍设施配备及分布情况，主要包括无障碍厕所、无障碍电梯、无障碍通道等；通过手机地图应用程序查询公交线路时，可以在公交线路详情页面看到无障碍车辆的信息，方便出行者更好地规划出行。同时，在北京 2022 年冬奥会和冬残奥会期间，北京 MaaS 平台还提供了专用车道导航及绕行提示、场馆周边停车引导、综合交通出行信息发布等服务。

（3）首钢园的 L4 级自动驾驶功能示范

首钢园是北京 2022 年冬奥会和冬残奥会组织委员会办公及部分场馆所在地，同时也是自动驾驶服务的示范区。首钢园结合自身的实际应用需求，联合清华大学、京东、美团点评、百度、中国联通、智行者、新石器等多家重要的企业和科研单位，建设了园区内的智慧道路，开发了智能网联汽车云端控制与调度平台，实现了对无人驾驶汽车的实时监控与远程调度，开展了多车型 L4 级自动驾驶功能示范，可提供无人驾驶出租、无人公交、无人文件及快递派送、无人零售、商务参观、共享约车等各项服务，在冬奥会期间服务于园区的日常运营。

（4）基于 5G+4K 的“奥运版”复兴号智能动车组

2018 年底，中国自主研发的“奥运版”复兴号智能动车组，在全球首次实现了自动驾驶，速度达到 350 km/h，与北斗导航系统深度融合，具有车站自动启动，间隔自动运行，车站自动停车，自动门控制，自动调节车内温度、灯光和车窗颜色等先进功能。

“奥运版”复兴号智能动车组编组 8 辆，其中 4 号车厢为无障碍车厢，包括适应冬残奥会需求的轮椅席位、无障碍卫生间等无障碍设施，同时，该动车组将 5G 和 4K 技术进行整合，打造了世界上第一个高速铁路上的 5G 超高清演播室，具备 5G 高清赛事以及 6 个频道 4K 直播能力。

6.4.6　体育（赛事保障）服务

按照两个奥运同步筹办、两个奥运同样精彩的宗旨，为确保以同样的运行水平和服务标准做好冬残奥会的相关工作，在北京 2022 年冬奥会闭幕后，立即启动了北京 2022 年冬残奥会的转换，根据冬残奥会赛事运行安排对冬残奥项目的竞赛场馆和三个赛区的冬残奥村进行了调整。总结相关新闻报道，体育（赛事保障）服务主要体现在以下几方面。

（1）住宿餐饮服务

北京、延庆、张家口三个赛区的冬残奥村提供 24 小时全天候服务。设置了轮椅、假肢维修中心，并配备了专业技术人员、足够的维修零部件，累计为 276 名运动员和随队官员免费提供维修服务。尊重不同国家和地区、不同宗教信仰和民族的饮食习惯，为各参赛体育代表团定制了菜单，提供来自世界各地的特色菜品共 678 道。

（2）场馆服务

为参赛队伍提供队陪服务，帮助其熟悉场馆的各项情况。在相关场馆内提供轮椅、假肢维修等服务。

（3）医疗服务

确定了 41 家定点医疗卫生机构，组建了高效的医疗保障队伍，在赛前制定了医疗、防疫的全链条流程。延续了在北京 2022 年冬奥会期间运行良好的闭环管理防疫政策，防疫链条涵盖抵离、交通、住宿、餐饮、竞赛、开闭幕式等所有涉冬残奥会场所，按照不同人群和工作分工制定具体的防控措施。针对新冠病毒感染者，三个赛区都专门设置了诊疗隔离设施。

（4）交通运输

制定了周密的交通组织运行方案，对交通场站进行闭环管理，投入了近 1 900 辆车辆服务于冬残奥会，其中包括 280 辆无障碍车辆，依托 5G、北斗定位等技术提高交通运输组织的效率，保障场馆周边及奥运专线运行，为赛事的顺利举办提供了有力支撑。

（5）抵离服务

北京 2022 年冬残奥会闭幕后，依托抵离信息系统，在认真梳理涉残奥人员相关需求的基础上安排其离境服务工作，加强奥运服务机场的运行保障，加强对工作人员的培训，切实提升服务质量，有序完成了各项抵离保障工作。

（6）志愿服务

共有 9 000 余名志愿者服务于北京 2022 年冬残奥会，包括 12 名残疾人志愿者。在各大竞赛场馆周边、重要场所、商业网点、旅游景点均设置城市志愿服务站，安排志愿者为游客提供线路指引、语言翻译、应急、冬奥知识宣传等服务。

第 7 章　城际交通无障碍便捷智慧服务框架性指南

本章以城际交通领域为例，为行业层级如何对无障碍便捷智慧服务提出框架性指南提供参考。

2018 年，交通运输部、住房城乡建设部、国家铁路局、中国民用航空局、国家邮政局、中国残疾人联合会、全国老龄工作委员会办公室共同发布的《关于进一步加强和改善老年人残疾人出行服务的实施意见》（以下简称“《实施意见》”）提出以下内容。

“到 2020 年，交通运输无障碍出行服务体系基本形成，无障碍出行服务水平、出行服务适老化水平和服务均等化水平明显提升，无障碍交通设施设备不断满足出行需要，无障碍交通运输服务的‘硬设施’和‘软服务’持续优化，老年人、残疾人出行满意度和获得感不断增强。

“具体目标是：新建或改扩建的铁路客运站、高速公路服务区、二级及以上汽车客运站、城市轮渡、国际客运码头（含水路客运站）、民用运输机场航站区、城市轨道交通车站无障碍设施实现全覆盖，引导辅助服务覆盖率有效提升；邮政对老年人、残疾人的信件、印刷品、汇款通知等实现邮件全部按址投递；鼓励具备条件的城市新增公交车辆优先选择低地板公交车，500 万人口以上城市新增公交车辆全部实现低地板化。

“到 2035 年，覆盖全面、无缝衔接、安全舒适的无障碍出行服务体系基本建成，服务环境持续改善，服务水平显著提升，能够充分满足老年人、残疾人出行需要。”

在此目标下，从“加快无障碍交通基础设施建设和改造”“提升出行服务品质”“优化出行政策体系”三个方面提出了实施意见。

“提升出行服务品质”和无障碍便捷智慧服务的实现直接相关，在这方面《实施意见》提出了具体的部署。

① 创新服务模式。加大为老年、残疾乘客的贴心服务力度，加快服务模式创新，进一步提升服务的系统化、精细化水平。具备条件的地区，要在铁路客运站、汽车客运站、客运码头、民用运输机场等人流密集场所为老年人、残疾人设立优先无障碍购票窗口、专用等候区域和绿色通道，提供礼貌友好服务。在醒目位置设置老年人、残疾人等服务标志，鼓励采取专人全程陪护、预约定制服务、允许亲属接送站等措施，提供服务车、轮椅等便民辅助设备，保障行动不便乘客安全、便捷出行。要充分考虑不同交通运输方式的无障碍衔接换乘，做好点对点服务配套。鼓励对老年人、残疾人实行快递门到门服务，有条件的地区开通服务老年人、残疾人的康复巴士。

② 建设出行信息服务体系。加强无障碍信息通用产品、技术的研发与推广应用。在铁路客运站、汽车客运站、客运码头、民用运输机场、城市轨道交通车站、城市公共交通枢纽等场所及交通运输工具上提供便于老年和残疾乘客识别的语音报站和电子报站服务，依据相关标准要求完善站场、枢纽、车辆设施的盲文标志标识配置、残疾人通信系统、语音导航和导盲系统建设，积极推广应用微信、微博、手机应用程序（APP）、便民热线预约服务等创新方式，为老年人、残疾人提供多样化、便利化的无障碍出行信息服务。

③ 提高服务水平。鼓励运营企业制定完善老年人、残疾人等乘坐交通运输工具的服务细则。组织开展从业人员面向老年人、残疾人服务技能培训，提升服务标准化水平。鼓励地方残联、老龄委牵头会同交通运输主管部门，组建志愿者团队，组织开展专题培训和宣传教育活动，建立服务老年人、残疾人出行的预约门到门志愿服务团队。坚持用心服务、优先服务，积极鼓励社会力量参与，开展专业化、多元化无障碍出行服务，使老年人、残疾人等行动不便的乘客能够安全出行，便利出行。

④ 保障安全出行。各地交通运输主管部门要强化部门联动，密切分工协作，督促运营企业严格落实安全生产主体责任，提高安全出行服务保障水平。引导老年人、残疾人合理安排出行计划，鼓励错峰出行，避免客流拥挤对行动不便乘客出行造成安全隐患。加强无障碍交通设施安全运行维护和管理，提升信息化和智能化管理水平，做好对无障碍交通设施设备使用的合理引导，建立完善无障碍交通设施安全检查制度，及时发现安全隐患，妥善处理，为老年人、残疾人提供安全可靠的无障碍出行服务。

智能交通概念于 2012 年我国发布的《国家智慧城市（区、镇）试点指标体系（试行）》中首次提出。2017 年，交通运输部发布的《智慧交通让出行更便捷行动方案（2017—2020 年）》是我国首个智慧交通专项政策，其主要内容为提升城际交通出行智能化水平、加快城市交通出行智能化发展、大力推广城乡和农村客运智能化应用、不断完善智慧出行发展环境。2019 年，国务院发布的《交通强国建设纲要》将智慧交通列入重点发展行业。智慧交通与智慧城市协同发展，推动云计算、大数据、物联网、移动互联网、区块链、人工智能等新一代信息技术与交通运输融合，促进智能汽车、智慧民航、智能铁路、智慧航运、智慧公路、智慧港口等领域的发展与应用。

2018 年发布的《北京 2022 无障碍指南》对北京 2022 年冬奥会和冬残奥会主办城市交通出行的无障碍服务提出了更加具体的要求。

本章整合上述政策、文件的要求，在依据政策的基础上，分场站、交通工具、服务 3 个方面，提出民用航空、铁路客运、水路客运、公路客运交通 4 大类城际交通如何实现无障碍便捷智慧服务的框架性指南。

民用航空业一直是无障碍便捷智慧服务的先行者。在机场硬件方面，不但按照中国和当地的相关规范进行无障碍设施的建设，而且行业单独编制了具体的《民用机场旅客航站区无障碍设施设备配置技术标准》，更有针对性地指导无障碍设施建设。在无障碍便捷智慧服务方面，中国民用航空局总结 2008 年北京奥运会、残奥会残疾人航空运输的经验，2009 年发布了《残疾人航空运输管理办法（试行）》，2015 年修订后发布《残疾人航空运输管理办法》（民航发【2014】105 号）；2019 年，中国民用机场协会发布了《民用机场无障碍服务指南》，国家重点研发计划“科技冬奥”专项“无障碍、便捷智慧生活服务体系构建技术与示范”的成果包括《民用机场无障碍服务标准》。在成套的法规标准的指导下，经过各方的协同努力，近年来中国的机场无障碍设施建设和无障碍便捷智慧服务已经提升至国际先进水平。

铁路客运行业的无障碍环境建设紧跟其后。在无障碍设施方面，2012 年，铁道部发布了《关于普通旅客列车设置无障碍设施有关要求》；2018 年，国家铁路局发布了《铁路旅客车站设计规范》（TB 10100—2018）行业标准，该标准是在《铁路旅客车站建筑设计规范》（GB 50226—2007）的基础上进行全面修订的，并整合了《铁路旅客车站无障碍设计规范》（TB 10083—2005）（已废止）的主要内容；2019 年，发布了《铁道客车及动车组无障碍设施通用技术条件》（GB/T 37333—2019），其对铁道客车及动车组的无障碍车辆出入口、无障碍区域车门、行动障碍者座椅、行动障碍者卧铺、轮椅座席、无障碍卫生间、无障碍洗面室、婴儿护理台、扶手、乘客信息、呼叫装置等无障碍设施提出要求；2020 年，国家铁路局发布《铁路建设工程施工图设计文件审查管理办法》，在其相关文件中提到，对于施工图设计文件中涉及无障碍设计的相关内容，要求严格按照强制性标准进行审查。

在无障碍便捷服务方面，2012 年，铁道部、民政部、解放军总政治部、中国残疾人联合会等四部门联合发布了《关于做好铁路残疾人旅客专用票额车票发售工作的通知》；2015 年，中国铁路总公司办公厅、中国残疾人联合会办公厅联合发布《视力残疾旅客携带导盲犬进站乘车若干规定（试行）》；2018 年，交通运输部会同住房城乡建设部、国家铁路局、中国民用航空局、国家邮政局、中国残疾人联合会、全国老龄工作委员会办公室联合印发了《关于进一步加强和改善老年人残疾人出行服务的实施指导意见》，要求提升无障碍出行服务品质；2020 年，国家铁路局发布《铁路旅客运输服务质量 第 2 部分：服务过程》，提出要提高残障旅客的舒适性和出行体验；2021 年，铁路 12306 网站、手机应用程序进行的适老化及无障碍改造，为老年人及障碍人士线上购买火车票提供了更多便利。

相比民用航空和铁路客运，中国在水路客运交通无障碍便捷方面的实践仍不够充分，缺乏完善的法规体系作为支撑，可借鉴的典型案例也相对较少。《北京 2022 无障碍指南》在借鉴国际标准的基础上，对于水路客运交通的无障碍便捷服务制定了导则性的内容，开启了这方面的工作。

本章下述内容以无障碍便捷智慧服务为核心展开论述，但鉴于中国在水路客运交通无障碍方面的规定比较少，所以本书主要介绍民用航空和铁路客运无障碍设施的建设情况。

7.1 场站

7.1.1 民用机场

在航站楼的主要入口处设置综合服务柜台，以提供无障碍服务，并设置醒目的无障碍标识，提供的服务既有无障碍的信息服务，也有需要时的人工陪伴协助服务。综合服务柜台以及购票、值机、问讯等其他服务柜台应为乘轮椅者设置低位服务台，为听觉障碍者和言语障碍者提供写字板、笔、纸等书写工具，有条件时为佩戴助听器的听觉障碍者配置听觉感应线圈系统。

为每组可以自动打印票据或登机牌的自助设备配置一定比例的低位设备，并安排服务人员在旁提供一定的协助。

卫生间、饮水处、母婴室、餐饮室、银行、休息室等机场内的配套设施均应满足相关标准规范的无障碍设施设置要求，候机区内设有一定比例的轮椅座位。

发布航班、登机口和行李等信息的屏幕高度要考虑到乘轮椅者观看的便利性，同时信息文字符号的大小、颜色也要照顾到视觉障碍者的需要，并对关键信息提供语音播报，例如航班延误、航班时刻更改、联程航班衔接、办理乘机手续、登机口的位置、托运和提取行李等。

在乘客候机区内登机口处设置闪烁提示设施，以提示有听觉障碍的乘客开始登机或即将停止登机。

提前告知机上工作人员事先已进行服务登记的残疾人及其残疾类型，以便机上工作人员可以为其提供个性、精准的服务。

7.1.2 旅客车站和站台

站前广场以及站房的集散厅、候车厅、售票厅、行包托取厅、检票口等室内外空间均应满足相关标准规范的无障碍设施设置要求，所有服务台处均应设有低位服务台，候车厅内要设置无障碍候车室或候车区。

站台与无障碍候车室或候车区以无障碍流线连接，在适当的位置为乘轮椅者提供安全的驻留区域。站台配备可移动坡道，保证乘轮椅者可从站台到列车安全自主地上下车。

7.1.3　港口客运站和码头

港口与其他交通方式以无障碍流线连接，港口自身的人行道、停车处等应按照公共建筑的无障碍设施规范标准设置无障碍交通设施，并形成系统。港口内部流线要考虑方便残疾人和老年人旅客避难和疏散的路线。在需要的地方要配有能在特殊情况下使用的营救装备。

乘客大厅内应设置无障碍休息区，设置一定比例的轮椅席位和陪护席位；设置一定比例的满足无障碍要求的公共卫生间和无障碍厕所，鼓励设置家庭卫生间。

在离开港口到登船的路径上设置无障碍通道和连贯的盲道。但是，在乘客可能因浪潮影响而有跌落危险的连接桥和浮桥处，以及船舶停靠于码头的位置不固定时，为保证安全需要提供人工服务支持。

码头应尽量能允许船舶直接停靠，要在乘客登船和下船处设置无障碍通道，用于残疾人或行动不便者登船和下船。当使用浮式码头（浮桥）时，要在停泊处和浮动码头之间设置轮椅坡道。要采取有效措施，保证残疾人和行动不便者登船和下船的安全。

应在乘客登船和下船处设置无障碍通道，在通道两侧均安装扶手。地面材料不应是透明的，以避免给服务犬造成恐慌。当乘轮椅者登船和下船时，应给予其特别的关照，必要时给予人工协助服务，以保证安全。

7.1.4　汽车客运站

汽车客运站的站前广场应满足无障碍通行的要求，人行流线的设计要科学合理，宜设置一条连贯的盲道路径，连接周边道路、地铁站、公交站、出租车停靠点以及汽车客运站的主要人行出入口。

应按规范要求在汽车客运站的停车场设置足量的无障碍停车位，在入口及内部设连续的无障碍机动车停车位导向标识，在入口处附近设置上 / 落客区，在室外无障碍机动车停车位轮椅通道的上方设遮雨设施。

宜在汽车客运站的候车大厅内设置平坡出入口，并设置无障碍休息区，按照一定比例配备轮椅席位和陪护席位。门厅、售票厅、候车厅、检票口等处的旅客通行的室内走道应为无障碍通道；在售票处、服务台、公用电话处、饮水器、行包托运处（含小件寄存处）等设置低位服务设施；在玻璃门（墙）、楼梯口、电梯口和通道等处设置警示标志、信号或者提示装置；设置一定比例的满足无障碍要求的公共卫生间和无障碍厕位，鼓励设置家庭卫生间。

7.1.5 高速公路服务区

高速公路服务区的停车场、室外公共卫生间、综合服务楼等场所，应设置满足规范要求的无障碍通道、无障碍出入口。

应在停车场设置无障碍机动车停车位，位置宜靠近公共卫生间、综合服务楼等主要场所，并设置连续、醒目的引导标识。

应在室外公共卫生间内设置无障碍厕位，按规范配置无障碍小便器、无障碍坐便器、无障碍洗手盆、安全抓杆等服务设施，有条件的服务区可在地面层单独设置无障碍卫生间（第三卫生间）、母婴室，各类无障碍设施均应符合无障碍规范要求。

应在综合服务楼入口处设置室内导航地图，并在无障碍服务区放有轮椅、拐杖、助力器、雨伞等便民用品，为有需要的群众提供免费借用服务。餐厅内应设置低位服务台、无障碍就餐位和无障碍结算通道，便利店内应设置无障碍结算通道。

7.2　交通工具

7.2.1　客机

安排体弱的残疾人、老年人等先于其他乘客登机，并在其他乘客下机之后再安排其最后离开飞机。

保证乘客登机廊桥满足无障碍设施的要求（现有廊桥有时坡度过陡）；乘客摆渡车需满足无障碍车辆的要求，设置供残疾人、老年人、伤病者上下飞机的升降设备。当机场无法提供廊桥或升降设备时，以残疾乘客同意的可行方式为其提供登离机协助。

客机内的轮椅服务包括在飞机上配备过道轮椅以及为难以保持坐姿的乘客提供可倾斜的轮椅。

世界各国对于乘客自己的助行器和轮椅的处置方案各不相同。在一些国家，乘客自己的助行器和轮椅是不可当作托运行李运送的，它们被放置在机舱内，离机时被放置在舱口处等候使用者，以便乘轮椅者自主离开。中国《残疾人航空运输管理办法》规定，具备乘机条件的残疾人托运其轮椅的，可使用机场的轮椅。具备乘机条件的残疾人愿意在机场使用自己的轮椅的，可使用其轮椅至客舱门。肢残旅客的拐杖、折叠轮椅或假肢等助行器，听觉障碍旅客的电子耳蜗、助听器等助听设备，盲人旅客的盲杖、助视器和盲人眼镜等是可以带进客舱的，电动轮椅必须托运。助残器具的运输优先于其他货物和行李，并要确保与其使用者同机到达。

因为行动障碍者很难坐在空间狭小的座位上，而且，他们不像其他乘客那样可以方便自由地活动，长期保持一个姿势坐着容易产生健康问题，因此，应为行动障碍者提供相应舱位的第一排座位，为较轻微的行动障碍者提供腿部活动空间大的过道座位。为行动障碍者提供的座位扶手应是活动的，以便于其就位。在紧靠其座位处，安排陪伴人员的座位。

7.2.2　旅客列车

《关于做好铁路残疾人旅客专用票额车票发售工作的通知》要求，旅客列车设置残疾人旅客专用座位，专用座席设置处及所在车厢外的车身涂刷相关标识。列车无障碍车厢的空间和配置应围绕轮椅席位展开：车厢的入口净宽度，从乘客入口到轮椅席位、从轮椅席位到无障碍卫生间的通道净宽均需符合无障碍相关规范的要求；在轮椅席位附近需配有无障碍卫生间；轮椅席位处要设有醒目的无障碍标识，提供固定轮椅的装置，旁边设有陪护座位。

7.2.3　客船

应在乘客登船或下船的流线和出入口处采取避免乘客绊倒的措施，并清晰标记引导路线。当无法避免在残疾旅客的流线上有高差或门槛时，应设置轮椅坡道，并进行显著的提示。

客船在提供轮椅席位的同时，仍需足够比例的带靠背、扶手和缩脚空间的座位，以方便老年人、体弱的人。出于对乘客可以选择不同档次票价座位的考虑，一些国家要求在保证安全疏散的前提下，将轮椅席位设置在船舶的各个区域，不宜将使用轮椅的乘客集中安排在同一区域。

在乘客休息室中应设置轮椅座位区，最好设置有桌子、适于乘轮椅者使用的座位。

7.2.4　客车

客车应采用低地板结构设计，乘客上下车处仅设置一个台阶，同时要具备整车自动升降功能，方便老人、孕妇、儿童、残疾人等上下车。通过车门处的无障碍设施为行动不便人士提供便利，当乘轮椅者上车时，只需为其放下翻转踏板（斜坡板），便可推动轮椅进入车厢内的轮椅座位区。轮椅座位区可设置折叠座椅以方便灵活使用，并应配有轮椅固定带和防撞软板，方便固定轮椅、安全乘车。在原有语音报站的基础上，还应配备具有预报站和到站提醒功能的显示屏，为听觉障碍人士提供无障碍公交出行服务。

7.3　服务

不同残障类型的旅客对无障碍服务的需求有所不同，乘轮椅的旅客和有其他行动障碍的旅客主要需要的是无障碍通行方面的服务，而有视觉障碍和听觉障碍的旅客主要需要信息方面的无障碍服务，有视觉障碍的旅客还需要行进的引导服务。

7.3.1　员工服务

工作人员接受的无障碍服务的培训主要包含 3 个部分：基本的无障碍服务态度和礼仪、本岗位的无障碍服务礼仪和技能及无障碍设施使用方法和注意事项。例如，机场和航空公司需要对员工进行无障碍服务培训，培训内容包括残疾人航空运输方面的法规、政策，为残疾人服务的意识和方法，如何对残疾人及其行李物品、服务犬等进行安检，如何为服务犬提供帮助，服务工作程序以及如何使用无障碍设施设备等。

对工作人员进行无障碍服务态度和礼仪的培训是为了确保不会因态度和沟通问题而产生误解，影响服务品质。无障碍服务的基本态度和礼仪是平等尊重，既不歧视，也不表达可怜；关注无障碍需求而非其残疾；建立良好有效的沟通。

服务态度和礼仪会因文化而有所不同，但也具有一些共性，比如在沟通和交流时，工作人员应直接与残疾人打招呼、交谈，而不是置残疾人于不顾，直接当面与其陪同人员谈论有关残疾人本人的事宜，除非残疾人委托陪同人员处理他（她）的个人事务。交谈过程中，工作人员要保持耐心，使用简短、明确的语句进行交流，以正常的语速和语调清晰地讲话（除非对方有特殊要求）。当与乘轮椅者交谈时，工作人员要主动蹲下或者后退一步、弯腰，以便使对方不必费力仰头望你。工作人员可以借助手势、图像、标识等更清晰地与残疾人交流。

在城际交通的场站和交通工具内，不建议工作人员直接为对方提供帮助，帮助前要询问对方是否需要帮助，在对方允许的前提下再提供帮助；在未经允许的情况下，不要触碰残疾人及他们的辅具、服务犬。在征得同意的情况下，工作人员对老人、孕妇和行动不便人士予以助臂，助臂时一只手轻扶服务对象肘部，另一只手扶其上臂部。在可能对对方造成伤害的情况下，如上下台阶或经过湿滑地面有跌倒危险时，工作人员可以不经询问主动提供帮助。

对乘轮椅者的帮助，有以下要点。

① 在准备帮助推轮椅前，先征得对方同意，并询问目的地。

② 帮助推轮椅时要平稳，注意避开通道上的障碍物，起、停及通过减速丘等小障碍物之前，停顿并提醒。

③ 乘无障碍电梯、无障碍汽车时，协助其拉好轮椅手闸并用车上的安全带固定好，离开电梯或汽车时，采用倒车的方法。

对于视觉障碍者的帮助，有以下要点。

① 交流：在距离其两三步时，先以声音问候，不要在其毫无准备时触碰其身体及突然大声呼喊。握手前先进行语音提示，待视觉障碍者伸出手后主动相迎。不随便打断对方讲话，并在谈话过程中用声音回应。多人交谈时，提示将要谈话的人是谁，不窃窃私语。

② 帮助视觉障碍者开门时要将门完全打开，指示方位时使用“前、后、左、右”等准确提示。

③ 在引导视觉障碍者出行时，可不走盲道，引导时要尊重对方习惯，征得同意后可将被引导人员的手放在自己肩膀上或手肘处，采用规范的导盲方式，不可搀扶对方腰或胳膊行走，不可牵引盲杖。引路时，应提醒视觉障碍者注意避险，避让地面和头部的障碍物。在较空旷场地需视觉障碍者暂时等待时，应协助其倚靠或坐下，而非孤身站立。

④ 只有在征得视觉障碍者同意后，方可帮忙携带或拿取其随身物品，在帮忙拿行李时，尽量紧随对方。

⑤ 未经允许不过度关注导盲犬，不分散导盲犬的注意力，不抚摸或逗引导

盲犬，不随意给导盲目犬喂食。

⑥ 视觉障碍者出席会议活动时，应为其介绍清楚现场人员、布局、环境等情况。

对于听觉障碍者或言语障碍者的帮助，有以下要点。

① 沟通时，谈话节奏放慢，听人把话讲完，不要抢话或替对方说话。

② 当与听觉障碍者交谈时，尽可能近距离正面交流，目光平视，口型正确（考虑到对方可能需要读唇语）。

③ 口语沟通有困难时可以采取书写的方式，语言简单明确，避免晦涩，不要用开玩笑、反讽等方式交流，以免引起误解。

④ 交往时，可充分使用肢体、表情、眼神等方式。

⑤ 尽量避免在逆光、嘈杂、人多的环境下交流。

⑥ 主动为对方解释周围情况，增加对方的参与感。

以上是工作人员提供服务时应注意的常规要点。每个具体的行业还有其具体的要求，比如《民用机场无障碍服务指南》对需要无障碍服务的旅客进行了更为细致的分类，将其分为行动障碍旅客、视觉障碍旅客、听觉言语障碍旅客、老年旅客、孕妇旅客、无成人陪伴的儿童旅客及单独带婴幼儿的旅客等，并对每一种旅客的航空出行无障碍服务提出了针对性要求。比如“对乘坐轮椅、装配假肢人员，应提供特殊安检通道服务，并根据其需要提供引导、协助轮椅推行、协助电梯使用、协助推运行李、协助登机等服务”。

7.3.2　票务

不同地方及不同行业均会为残疾人购票提供便利，尤其越来越大量采取智慧化手段后，人们不必再出门购票。不同的票务信息平台均有面向残疾人购票的无障碍服务，具体内容将在第 8 章给予详细介绍。

交通行业的各主管部门对于方便残疾人购票给予了政策支持。例如，《关于做好铁路残疾人旅客专用票额车票发售工作的通知》提出，每趟旅客列车预留一定数量的残疾人旅客专用票额，自预售之日起至始发站列车开车前 24 小时，专门发售给符合购票条件的残疾人旅客，并在票面标注“专”字；剩余票额对外发售。较大车站开设残疾人（符合残疾人旅客专用票额购票条件）购票窗口或与军人等优先购票窗口合设，方便残疾人购票。在《视力残疾旅客携带导盲犬进站乘车若干规定（试行）》中提出，请旅客提前向铁路部门告知有关需求：在车站售票窗口购票时，说明携带导盲犬乘车的需求，以便铁路部门安排较为合适的席位；在购票时未予说明或者通过其他渠道购票的，可以在开车时间 12 小时前通过 12306 电话联系铁路客服中心，提出携带导盲犬进站乘车的需求，并告知所购车票的乘车日期、车次、席位号等信息；没有提前联系铁路客服中心的，也可以在进站、乘车时向站车工作人员告知并寻求帮助。

7.3.3 安检

现在无论何种城际交通模式均会设置安检，残疾人在安检时遇到窘困的情况时有发生。因此，安检过程中应以始终使受检人保有尊严为原则，为达此目标，有以下要点：

① 设置无障碍安检通道。

② 尽量为残疾人设立独立、私密的安检空间，满足残疾人私下进行安检的要求。

③ 对于乘轮椅者尽量采用便携式磁力计装置手检，安检员与受检者应是同性别，在维护受检者尊严的前提下，按照规定对其进行手检。

④ 除非有特殊情况（如受检者可疑等），一般不要求残疾人摘下假肢通过安检。如需摘下假肢进行安检，应在能够保护其隐私的无障碍更衣区进行。

⑤ 通知残疾人在办理安检前清空随身携带的排泄袋。

⑥ 对辅具进行安检时，如怀疑可能藏有违禁物品的，可进行特殊程序检查。

7.3.4 印刷材料

考虑到不同类别的残疾人使用需求不同，为乘客准备的材料应该包括大号字体版本、语音版本和盲文版本等不同的格式版本，以帮助所有乘客了解到有关安全的事项、流程和信息。

《北京 2022 年无障碍指南》要求对残疾人用户群的所有票务及公告板显示

都使用一致的颜色标示。

交通工具上可提供“乘客安全卡”，将对残疾人、老年人等的安全有影响的重要事项、手续流程以及附属设施告知乘客。

7.3.5　服务犬安置

在符合动物检疫法规要求的前提下，应保证服务犬全程陪伴被服务人员。

服务犬需要的空间约为 0.50 m × 1.30 m，对于携带服务犬的残疾乘客，一般将其安排在第一排座位或其他适合服务犬趴卧的座位上，但不应阻塞紧急出口。比如《视力残疾旅客携带导盲犬进站乘车若干规定（试行）》中提到，乘车期间，在条件允许的情况下，列车工作人员应尽可能协调将旅客安排至较为宽敞的席位，以方便其乘车生活和照看导盲犬；有同行人时，还应尽可能协调将同行人安排至就近席位。

服务人员尽量不要干预服务犬，一般情况下服务犬自己知道该怎么做。

服务犬一般应穿戴项圈、皮带和口套。在周围乘客同意的情况下，可不要求一定为服务犬戴上口套。

7.3.6　信息服务与智慧交通服务

信息服务是为服务全体残疾人和老年人，全力打造“覆盖全面、无缝衔接、安全舒适”的无障碍城际交通出行环境的重要内容。

针对购票服务，相应的网站和手机应用程序应具有适老化及无障碍功能，并保留现金购票、人工服务等线下购票渠道。在网站方面，适配常见的读屏软件，提供无障碍辅助工具，优化登录验证码的方式。在手机应用程序方面，为用户提供可自行调整字体大小、对比度设置更加简单、方便操作的版本，同时具有大字体、大图标、高对比度等性能。在相应的网站和手机应用程序设置重点旅客服务提前预约服务，使旅客可以线上提交乘车信息、伤残情况以及服务需求，以方便为其提供针对性的服务。对于 60 岁以上的老年旅客，应为其优先安排更加方便的座位或铺位。

针对交通场站，采用多种模式的信息传递方式，常见的设施有公告板、电子显示屏、震动或闪光设备、助听耦合辅助设备、语音转文字设备、车站广播无线调频系统、声音扩大系统等，帮助听觉障碍者和视觉障碍者了解车次、航班等信息及其他必要的乘车信息。

在无障碍交通工具内，主要提供文字和语音两种版本的信息提示，同时可设置助听辅助系统，使听觉障碍者可通过自己佩戴的助听器，直接获得交通工具内的广播信息提示。对于旅客列车和客船，为乘客提供平面图时应配有盲文标识，便于视觉障碍者了解旅客车厢或客船内部的用餐、饮水、无障碍卫生间等设施的分布位置。座椅靠背的上方可以设置盲文标识，帮助视觉障碍者辨认是几排几座。可以根据购票信息及实际情况，隐式标记重点旅客并为其提供远程呼叫器，方便他们在有需求时与乘务员及时取得联系。

第8章　借助智慧城市构建无障碍生活环境

8.1　构建无障碍生活

从发展过程来看，无障碍整体理念正在发生变化，“无障碍”已经不是专门服务于残疾人的一种特殊概念，而是特指一种充分服务于所有社会成员个人生活和参与社会生活的环境属性，是人性化环境的重要组成部分。

“无障碍环境”的根本目的是支撑一种“无障碍的生活”。无障碍环境是一个多尺度的整合性的环境，涵盖了从广大到精微的尺度，从城市的公共空间、无障碍的交通、建筑内的无障碍流线系统和服务系统，一直到部品、细节、家具、用品等。无障碍生活发生在这样具体的环境场景中。无障碍生活不是局限于某个具体的人群，而是融入整合社会生活的，是良好的社会生活不可或缺的一个特征。良好的社会生活应该是人性化的，无障碍又是人性化的重要因素。

整体的无障碍环境包括3大部分，分别为由无障碍设施构成的硬件的物理环境，无障碍的信息环境，具包容性的人文环境，包括城市管理、社会观念等。构建无障碍环境，就要把这 3 大部分放到一个大的结构中去整理和定位。这个大的结构就是社会提供给民众的生活服务，一方面需要将一直在建设的无障碍设施系统放到城市或者乡村提供的生活服务体系中去评估；另一方面也要将现有的生活服务体系去和无障碍需求对照，看看哪些方面没有满足需求，从而制定相应的对策，形成因地制宜的无障碍生活服务体系，指导未来的建设。这个建设不只是硬件建设，还包括法规政策体系、服务体系等城市管理层面的布局。这个建设将以智慧城市作为支撑平台。

本书第 4 章给出了适合中国的智慧生活服务体系框架，主要由住宿餐饮服务、交通出行服务、医疗卫生服务、文化教育服务、旅游购物服务、体育（赛事保障）服务、城市基础服务和智慧生活服务支撑管理平台构成，它们是智慧城市里生活服务的不同功能板块。

构建无障碍生活需要将无障碍需求纳入这些板块，去提升完善它们的无障碍功能，使无障碍成为城市功能的有机组成部分。根据调研，有些板块已经在做这个工作，但是各板块的深入程度不一样，甚至个别板块还是缺失的。从全国来讲，也有地域的差别，有的地方比较完善，有的地方刚刚起步。

构建无障碍生活需要系统性的保障体系，保障体系可以分为 3 大部分：

支撑体系——从强制性的法规、政策性引导，到全社会形成包容共享的观念；

实现途径——社会公益和市场互相补充、共同发力；

科技创新——通过科技创新进行产品和技术的提升，现在有很多棘手的问题要等待技术进步后来解决。

现在中国社会已经发展到需要将无障碍通用化、普适化，应该满足所有群体参与社会生活的阶段，实现无障碍生活将是未来一段时间内的重要社会目标。

8.2　具包容性和人性化的智慧空间

智慧城市不应止步于“城市的智能化”，而应以真正“城市的智慧化”为目标，以技术为手段来实现更具人文关怀的城市服务。智慧城市的核心是“人”而不是技术，是技术为人服务，而不是人为技术服务。因此，解决人的困境仍然是智慧城市的重要任务。

新一代信息技术——物联网、大数据、云计算、人工智能等对于社会的影响持续加强和深入，对于智慧城市的功能和效能也在产生深远的影响。在新一代信息技术的助力下，智慧城市能否更加包容共享、融合通用，能否向着更加人性化的方向发展，其根本不是取决于技术，而是技术背后的伦理。

中国智慧城市建设已经进入以人为本、成效导向、统筹集约、协同创新的新型智慧城市发展阶段①，需要围绕人的需求进行顶层设计，而无障碍需求是人的重要需求之一。

在新型智慧城市中，无障碍智慧生活具有宽广的前景，如利用大数据、云计算等智能技术，可以进行更加有效的城市管理，远程数据的监测可应用于采集和分析城市无障碍设施的使用情况；可穿戴的移动设备，可协助判断残疾人和老年人在城市生活中的便利程度；将 GPS 定位与心理生理监测工具结合，可帮助了解残疾人和老年人的情绪反应、主观感受与体验。

在新型智慧城市中，无障碍和智慧生活可以更好地实现双向互动，现在国内外已有先进案例，例如，德国的明斯特市设置了残疾人互动式街道地图，为残疾人提供有关公共机构、娱乐设施、医疗设施、社会服务部门、无障碍公共卫生间

① 环球网．以人为本的智慧城市能有多“智慧”？[EB/OL].（2020-11-16）[2022-10-19]. https://baijiahao.baidu.com/s?id=1683510045582240429&wfr=spider&for=pc.

的空间与服务信息，方便残疾人规划日常生活；通过添加不同事件、链接不同的数据库，用户可以获得尽可能多的空间探索和计划信息。同时，用户还可以自己向系统输入需要讨论或更改的城市公共服务点、需要建设的无障碍空间节点，达到信息的双向交流[①]。

对于结合新型智慧城市构建智慧无障碍城市，近些年中国也做了不少的尝试。

在国家及地方政策法规的要求下，经过近十年的政务信息无障碍行动，政府的政务网站无障碍化在持续推进。2017 年，“中国政务信息无障碍服务体系”获得由国际电信联盟（ITU）举办的 2017 年信息社会世界峰会项目大奖，其功能是接入地方各级人民政府，并保证接入的所有网站均提供无障碍的搜索和服务。当时，中国已有 1 000 个区县以上的人民政府网站接入该体系，共计为 3 万多个政府网站提供了无障碍服务[②]。

针对民众反映强烈的数字鸿沟问题，2020 年，工业和信息化部、中国残疾人联合会联合发布的《关于推进信息无障碍的指导意见》提出，聚焦老年人、残疾人、偏远地区居民、文化差异人群等信息无障碍重点受益群体，着重消除信息消费资费、终端设备、服务与应用等三方面障碍。2021 年 8 月 24 日，国务院政务公开办发布《消除“数字鸿沟”，推进政府网站、政务新媒体适老化与无障碍改造的通知》，将适老化和无障碍作为政务集约化平台的基本功能，并对政务互联网应用适老化和无障碍改造的实施标准提出要求。截至 2021 年 10 月，全国党政机关事业单位的网站约有 12.4 万个，移动应用（APP）和第三方平台应用等各类政务新媒体数量接近 10 万个，文、教、卫等非营利组织网站数量接近 20 万，移动应用（APP）和第三方平台应用数量也在 3 万左右[③]。

实体和数字深度融合的智慧无障碍城市已经开始进行试点。根据人民网 2020 年 7 月 30 日的报道，深圳市委常委提出，将无障碍与智慧城市有机融合，

---

① 温芳，张勃 . 面向未来的德国城市全面无障碍化的思考与借鉴 [J]. 建设科技，2020（11）：59-63.

② 中国产业经济信息网 .“中国政务信息无障碍服务体系”获国际大奖 [EB/OL].（2017-06-20）[2022-10-19].http://www.cinic.org.cn/hy/zh/389844.html.

③ 人民政协网 . 公益推进政务网站适老化和无障碍集约化改造 [EB/OL].（2021-10-11）[2022-10-19]. http://www.rmzxb.com.cn/c/2021-10-11/2965285.shtml.

建设智慧无障碍示范区成为深圳推动无障碍城市建设的最佳路径。2020 年 8 月，河北省亦有人士撰文，提出了将智慧无障碍城市建设试点纳入河北省“十四五”规划的建议，具体建议举措为编制“智慧无障碍试点城市建设”专项规划[①]。

尽管如此，如何让信息技术普惠全民，仍是未来一段时期新型智慧城市的重要工作。在信息无障碍方面，无论是利用智慧手段消除障碍，还是消除数字鸿沟，依旧任重道远。截至 2021 年 6 月，中国非网民规模为 4.02 亿[②]，其中大量是身体机能衰退的老年人，他们不但可能无法享受智能化的设施带来的便利，而且可能由于设施的智能化而受到限制。同时，无障碍终端普及率不高，标准只提出了底线要求，可选择的无障碍通信终端产品较少；政务网站的无障碍建设普及率仍不足 30%，非政务网站的无障碍化率更低；移动应用（APP）无障碍化综合体验较好的不足 10 款[②]；移动互联网应用无障碍化体验较差。

智慧城市也是一种“空间”，尽管包括虚拟的部分，但其中也有个人以及个人间的互动，也有管理、服务和交易。智慧生活包括智慧网络承载的生活，因此由互联网构建的智慧情境，也是一种生活空间。新型智慧城市应当营建包括实体和虚拟的、具包容性和人性化的智慧空间。

智慧城市如何打造具有包容性和人性化的智慧空间是未来一段时间的重要工作。由于残障人士长期生活在将就和忍耐中，已经将自己的生活需求最大程度地简化了，当询问其生活需求时，往往得不到太多反馈。因此，“以人为本”不是被动服务于现有的表面化的需求，而是以创新来探讨更深入的解决方案，为残障人士开拓美好的生活图景。

具包容性和人性化的智慧空间需要“共情”的设计，需要站在使用者的身体、心理、社会和精神角度出发看待问题。这一点是比较难做到的，因为健全人很难将自己代入残障人士的生活场景中。

另外，具包容性和人性化的智慧空间需要以智慧社会的视角去思考。一般认为智慧社会是智慧城市的扩展和深化。如果说智慧城市是一种城市形态，那智慧社会则是一种智慧技术手段驱动的具有后工业化特征的社会形态。智慧城市侧重

---

① 刘学谦，何新生，杨柳青 . 建设智慧无障碍城市试点 推进产城融合发展 [N]. 河北经济日报，2020-8-29（003）.

② 王莉，杨子真，郭顺义 . 信息无障碍发展战略 [M]. 沈阳：辽宁人民出版社，2022.

信息技术和城市建设，智慧社会侧重社会运行和治理。

何明升教授认为智慧社会可以从以下 4 个方面把握：

① 智慧社会是人类构建的智能化社会活动场域，包括智能治理、智慧产业、智慧商务、智慧服务、智慧生活和智慧生态；

② 智慧社会是对互联网、物联网和人工智能技术的集成运用；

③ 智慧社会以“智慧管理器”为中介系统；

④ 智慧社会是一种自主回应型的社会运行样态。

智慧社会包括智慧教育、智慧生活、智慧就业、智慧社会保障、智慧健康、智慧治理等。而智慧社区就是智慧社会的一种体现，是由具有一定的地理区域和一定的人口，由一些在文化背景和利益方面有所重叠的、有着密切社会交往的居民组成的[①]。

正如城市空间承载的是人类活动一样，具包容性和人性化的智慧空间是支撑人们互相尊重、互相扶持、交流交往的空间，是助力城市管理更加温暖的空间，是助力文化、商业、服务更加个性化、更加开放的空间。具包容性和人性化的智慧空间可以催生一个具包容性和人性化的智慧社会。

① 何明升 . 智慧社会：概念、样貌及理论难点 [J]. 学术研究，2020（11）：41-48，177.

8.3　互联网助力下的无障碍生活服务

根据 2016 年发布的《中国互联网视障用户基本情况报告》，中国 65 岁以上老年人有 1.3 亿、视障者有 1 300 多万、听障者有 2 000 万、读写障碍人士有 7 000 万，合计占中国人口数的 20% 以上。

在政府保障的基本生活服务的先行带领下，大量提供生活服务的企业也在利用互联网改善无障碍服务，尤其是生活服务电子商务平台。“语音 + 生活服务”的模式将更多地惠及视觉障碍者，针对听障人士主要是通过文字、图像或手语提供信息服务。最近经常被提及的“信息赋能”在某些方面也覆盖了残疾人群体，线上模式不但可以提供足不出户的服务，也提供了居家就业的机会。

无障碍生活服务首先是对基础信息的处理，对于服务端和需求端两端的信息进行采集和开发。

对于服务端的收集，比较著名的有美国的关键设计实验室（Critical Design Lab）创建的“地图填图”项目，该项目通过市民的集体记忆记录环境状况，打造无障碍数字地图，市民不但可以记录无障碍设施和服务定位，还可以对其进行评价。

残疾人和老年人的社会组织多年来持续在对需求端的信息进行收集，不同障碍类别对生活服务的需求差别很大，而且还会因性别、经济条件、教育水平、地域等有所不同。随着社会的发展，他们对于无障碍生活服务需求已经由基本的饮食起居发展到更深入地参与社会生活、平等地享受社会日新月异的发展。

8.3.1　无障碍住宿餐饮服务

在无障碍居住社区服务方面，发达国家走在了前面，积累了很多可借鉴的经验。例如，美国的 Merakey 公司为智力和发育障碍的人士提供社区服务，包括成人回复服务、成人行为健康服务、孤独症服务、智力和发育障碍服务、退伍军人援助服务、儿童与家庭服务、寄养服务、老龄化服务和药房服务。每一个服务都提供有针对性的帮助，例如美拉奇为孤独症患者的整个生命周期提供持续的护理，并教授其基本技能，最大限度地帮助孤独症患者提升沟通能力，并设有相应的教育中心和专业教室，为其提供过渡服务和专业治疗。

中国的无障碍居住社区服务由无障碍设施改造提升起步，在对现状和需求进行摸查的基础上，构建出无障碍设施环境。借助智慧社区的建设，逐渐加入无障碍功能，本丛书的第三册将对此进行展开论述。

在无障碍餐饮服务方面，智慧手段起到了巨大的推动作用，外卖平台从餐饮外卖服务拓展至网络购物外卖服务。2015 年，“饿了么”成立了无障碍适配优化的“珍视明项目组”，至 2021 年底共迭代了 16 个版本，已完成外卖和新零售商品的全链条流程无障碍服务改造。2019 年，美团点评在上海启动无障碍服务三年行动计划，项目计划在三年内逐步完善上海、北京、杭州的无障碍服务 POI（Point of Interest）信息，采集公共场所的无障碍设施数据，发布无障碍服务榜单。2021 年 10 月的国际盲人节，中国盲人协会与美团发布“美团语音盲人定制应用”，为视觉障碍群体提供定制生活服务应用，盲人用户可通过美团应用程序用“语音交互”的方式完成外卖下单全流程。

8.3.2 无障碍医疗卫生服务

医疗卫生服务的对象往往是病弱者和老年人，因此需要充分考虑到不同程度的生理伤、残、弱者的使用需求，为其营造安心、便捷、舒适的医疗服务环境，其无障碍显得尤其重要。

无障碍设施环境是基础，各国均以更高的标准要求医疗服务设施的无障碍设施环境，例如 2012 年，美国司法部发起了“无障碍医疗保健计划”，目的是评估医疗服务设施能否提供一定标准的无障碍环境，因此美国医院的无障碍环境营造得非常好，本书作者就曾亲身经历过，美国的医院在无障碍流线上基本是自动门，每隔不到 20 米就有一个宽大的无障碍厕所，无障碍硬件设施非常先进。

随着 5G 网络、物联网等技术的发展应用，我国的智慧医疗体系正逐步完善，惠及残疾人、老年人等广大人民群众。依托“互联网 + 诊疗”，专家远程会诊、“云门诊”、健康咨询、电子处方、送药到家、预约检查等线上普惠医疗服务进一步提高了医与患、人与物的沟通效率，如患有慢性病或其他常见疾病的患者，足不出户即可享受健康咨询、在线就诊等医疗服务，免去了残疾人、老年人的奔波劳累之苦，有效平衡了有限的医疗资源；智能可穿戴设备、智能医疗家居产品也逐渐被推广应用，其可对生理指标进行监测、记录、分析，从而提供个性化健康管理与智能提醒，比如健康智能腕表（手环），可随时监测心率、血压、血氧、压力、睡眠等健康数据，并带有定位和一键呼救功能；电子病历、电子健康档案的互联互通，促使治疗记录、检查报告、医嘱执行、药品配置、过敏记录等各项信息都可便捷查询，从而方便医生制订更有针对性的治疗、康复计划。

8.3.3　无障碍文化教育服务

信息无障碍技术帮助视觉障碍者、听觉障碍者更加充分便利地接受教育和参与文化艺术活动。各类智慧教育产品被广泛应用在学校、培训机构、网络教育、阅读等教育场景中，给残疾人学习者，特别是数量庞大的视觉障碍者和听觉障碍者，提供了更加全面有效的学习体验。

针对视觉障碍者研发了各类读屏软件，这些软件可以将手机或电脑等终端设备界面显示的文字、图片、表格和控制按钮等内容通过语音的形式播放出来或从盲文点字显示器输出，使视觉障碍者可以轻松地使用手机、电脑等操作软件。

针对听觉障碍者，设计了骨传导耳机，它是通过骨传导的方式将声音转化成不同频率的机械振动，从而帮助听障人群获取外界信息；还有通过 AI 语音转文字软件，将其安装在手机或电脑上就可获取课堂、网络视频的内容信息，自动加载字幕，使听觉障碍人士能够像正常人一样学习交流；AR 字幕眼镜是专为听障人群设计的听语者 AR 字幕眼镜，不遮挡用户视线、不降低视野明亮度，能够一边感受眼前说话者的情绪，一边通过眼镜镜片上的文字获取原本因听觉障碍难以获取的信息。

2015 年，科大讯飞推出智慧语音转写课堂技术，教师授课可以实时形成屏幕上的文字。该技术对于当下兴起的网络教学也大有助益。2020 年，科大讯飞在全球 1024 开发者节上提出，讯飞听见应用程序和网站要为中国 7 200 万的听觉障碍人士提供终身免费的转写服务。

世界各国的公共艺术机构也在持续提升无障碍环境。例如，位于美国纽约的现代艺术博物馆（MoMA）为残疾人游客提供 18 美元的折扣入场券，同时提供无障碍便捷服务。提供的服务包括以下几方面。

① 为乘轮椅者提供无障碍通行（Wheelchair Access）服务。现代艺术博物馆中所有画廊、入口和设施都是无障碍的，设有带电动门的出入口位于第五大道和第六大道之间的第 53 街和第 54 街。博物馆内允许使用电动轮椅，馆方为有需要的游客免费提供轮椅和便携式座凳。博物馆的所有洗手间均可供乘轮椅者使用，除剧院 2 层和卡尔曼教育与研究大楼的入口层外，所有楼层均设有卫生间。单人 / 家庭洗手间位于博物馆入口层，剧院 1 层、3 层、5 层、6 层和卡尔曼教育与研究大楼的夹层。电梯遍布整个博物馆。

② 为失明或低视力人群提供艺术洞察（Art in Sight）服务。失明或低视力人群可通过该服务聆听受过专门培训的讲师对艺术品广泛的视觉描述，并参与有关各种主题、艺术家和展览的讨论。

③ 为失聪或有听觉障碍的人群提供的服务。所有 MoMA 剧院、大堂服务台、售票服务台、语音导览服务台、教室以及创意实验室都配备了感应线圈，可通过 T 型线圈直接传输到助听器。MoMA 影院配备了字幕和音频描述设备。可通过扫描二维码收听作品的介绍音频。针对手语者，MoMA 举办双月节目“解读现代艺术博物馆（Interpreting MoMA）”，主要讲解目前在 MoMA 展出的艺术品，并提供手语翻译服务。

④ 为有智力或发育障碍的人群提供的服务。现代艺术博物馆在动手工作坊中为有智力和发育障碍的个人及其家人开展艺术创造活动，如绘画、摄影、表演、模型制作等。

⑤ 为阿尔茨海默病患者人群提供的服务：2007 年至 2014 年，博物馆开展了“阿尔茨海默病项目”，使阿尔茨海默病患者可得到帮助。

2010 年之后，中国的文化领域的无障碍受到关注。例如 2017 年由中国传媒大学、北京歌华有线电视网络股份有限公司、东方嘉影电视院线传媒股份公司联合发起了“光明影院”项目，该项目是以制作和推广无障碍电影、为视障人群传播文化精品为宗旨的公益项目，截至 2022 年 9 月 30 日，项目团队已经制作了 500 余部无障碍电影，建立起了覆盖全国的推广模式，将作品送达盲人学校、图书馆、电影院、社区、家庭，助力视障群体实现同步共享文化权益[①]。

8.3.4　无障碍旅游购物服务

本书的 8.3.1 节介绍了住宿餐饮服务的无障碍化情况，旅游行业的无障碍服务同样是各大服务平台在推动。

旅行之眼（Traveleyes）是世界上第一家为盲人或弱视人群提供独立团体旅游的商业旅行社，它为视觉障碍者提供更适合的旅行项目，并通过组织视觉障碍者和健全人共游的方式，促进残健融合。

2019 年，针对行动不便的老年人、残障人士和儿童，携程推出“无障碍旅游计划”，并首先在当地向导平台实施，覆盖国内几十个热门旅游省市作为“无障碍旅游基地”，为这三类旅游有障碍的人群提供解决方案，创造一个无障碍的旅游环境。携程全球当地向导产品已经上线了“无障碍旅游”相关的服务标签，包括配备轮椅等专属服务，覆盖老年人、残障人士的服务产品近 6 000 个[②]。

中国南方航空集团有限公司（以下简称“南航”）是中国民航首家上线无障碍网站服务的航空公司。2017 年 12 月 19 日，南航开通无障碍网站，为视觉障碍人士提供一定的网络便利服务。2018 年 12 月 28 日，南航无障碍网站第二期功能正式上线，视觉障碍人士可以在线自助购买国内来回程机票、办理机票退改、查询明珠会员里程及兑换免费机票[③]。

2021 年，铁路 12306 网站和手机应用程序的适老化及无障碍改造相关功能正式上线运行。改造后，12306 网站支持无障碍模式，并提供滑块验证和短信验证

---

① 人民网 .“光明影院”公益点播专区上线全国有线电视 [EB/OL].（2022-09-30）[2022-10-20].http://edu.people.com.cn/n1/2022/0930/c1006-32537908.html.

② 网易新闻 . 携程推出国内首个“无障碍旅游计划”[EB/OL].（2019-06-28）.[2022-10-20].https://shenzhen.news.163.com/19/0628/10/EIOKMFLC04179I18.html.

③ 微眼南航 . 新年最好的礼物 ‖ 南航升级无障碍网站让视障人士购票更方便 [EB/OL].（2018-12-29）[2022-10-20]. https://www.sohu.com/a/285538272_660318.

两种验证形式，以服务于视觉障碍者和有需求的老年人；手机应用程序支持手机读屏功能，同时推出具有大字体、大图标、高对比度等特点的爱心版界面。

8.3.5　无障碍交通出行服务

本书第 7 章介绍了城际交通的无障碍便捷智慧服务。本小节主要介绍市内交通的相关情况。

国内外大的导航地图均提供无障碍服务。

谷歌地图（Google Maps）用户打开“可访问的地方”，即可看到无障碍通道、无障碍座席、无障碍机动车停车位和无障碍卫生间这些无障碍设施的信息。同时 Google Maps 鼓励服务端使用“谷歌我的商家”（Google My Business）添加无障碍信息。

2022 年 3 月，高德地图宣布完善了地铁站的无障碍设施情况，并在北京上线了无障碍公交信息，更好地服务消费者出行。乘坐地铁时，北京用户打开高德地图，搜索地铁站点，即可在地铁站的详情页查看该地铁站的无障碍设施情况，如无障碍直梯、无障碍通道等。详情页标注了地铁站内是否有无障碍卫生间[①]。

2021 年 7 月，在以“智能・无障碍”为主题的第 16 届中国信息无障碍论坛暨全国无障碍环境建设成果展示应用推广会上，百度人工智能技术委员会主席黄际洲以《地图信息无障碍：百度地图的实践与思考》为题，介绍了百度地图在车道级导航、智能语音交互、全景地图等方面的无障碍功能以及智慧护航等公益项目，利用 AI 技术辅助出行无碍[②]。

在地铁公交的智慧无障碍服务方面，“车来了”应用程序为视觉障碍人士开发了公交导盲系统，包括预约服务语音播报、到站提醒、车辆查询、线路收藏等功能。

在无障碍出租车预约方面，美国优步（Uber）提供了无障碍服务（Uber WAV）的无障碍服务，不但为使用轮椅等辅具的行动障碍乘客提供无障

① 中国经济新闻网．高德地图完善无障碍信息 可搜索无障碍公共厕所 [EB/OL].（2022-03-04）[2022-10-20].https://www.cet.com.cn/itpd/szsh/3126449.shtml.

② 光明网．释放科技温度 百度地图用人工智能技术助力跨越数字鸿沟 [EB/OL].（2022-08-05）[2022-10-20].https://it.gmw.cn/2021-08/05/content_35057541.htm.

碍车辆，还有反歧视政策、服务性动物政策等服务标准。2017 年，“滴滴出行”与联合国开发计划署开展了“联合国无障碍出行项目”的合作，提供无障碍车辆，改进预约应用程序的功能，培训无障碍专车司机。2020 年，“滴滴出行”与中国盲人协会签订战略合作框架，持续深化无障碍服务，如在应用程序中增加服务视觉障碍者的功能，同时为携带导盲犬的乘客提供帮助。

8.4 智慧化的无障碍设施产品和技术

信息技术与无障碍环境的融合，不但体现在基于互联网的线上交流与服务为障碍人士提供的便利上，还体现在智慧化的无障碍设施产品和技术上。

由 8.3 节的案例可以看出，互联网助力下的无障碍生活服务仍然主要集中在预定、购买等环节，最终的无障碍服务往往还需要硬件的无障碍设施提供，因此提升无障碍设施的产品质量并丰富其种类，仍然是完善无障碍生活服务的基础。当今，扩大无障碍设施的覆盖范围和提高服务能力仍是无障碍生活服务的重要工作。

传统意义上的信息无障碍设施产品和技术从盲道和盲文起步，针对不同的障碍类型而设置的设施和技术主要包括以下 3 类。

① 针对乘轮椅人士的信息无障碍设施：低位个人自助终端、低位台式计算机等。

② 针对视觉障碍者的信息无障碍设施和技术：过街音响提示装置、读屏软件及装置、阅读器、网页阅读器、网络搜音机、盲文点字显示器、盲文打印机等。

③ 针对听觉障碍者的信息无障碍设施和技术：手语播报、听力补偿辅助等。

根据应用方式的不同，信息无障碍设施产品又可分为智能化的无障碍设施、可穿戴的智能装配、手机端应用程序等。

现在对无障碍设施提出了要适用不同障碍者的通用性要求，一些设施可以借助智慧手段大幅提升服务体验，其中最典型的也是需求最迫切的是救助呼叫设施。现在大部分场所和空间的无障碍救助呼叫设施为设置在墙面上的按钮式或拉绳式的，一方面无法灵活应对不同的紧急情况，另一方面不易被视觉障碍者找到。可穿戴的智能装配可以弥补上述缺陷。

可穿戴的智能装配是近些年国内外科技研发的热点。2012 年，加拿大成立了专门致力于服务残障人士的人机交互设备研发高科技公司——泰米实验室（Thalmic Labs）。微软、谷歌、苹果等公司也投身其中，例如，微软推出了服务视觉障碍者群体的视觉 AI（Seeing AI）、可穿戴设备（Alice Band），谷歌推出了谷歌眼镜（Google Glass），苹果公司将细化的无障碍功能嵌入手机。

而良好的听觉辅助技术，需要一定的技术研发和成本投入。例如苹果手机开发了专门为听觉障碍者设计的辅助性功能，具有导向性的麦克风能够给听觉障碍者提供苹果助听器、可视化提醒、视频字幕以及实时收听、RTT 通话等功能，可以有效放大环境当中的声音，并且能够自动过滤噪声，识别和放大人声，帮助听觉障碍者更清晰地获取有效的声音信息。

本书的研究基础“无障碍、便捷智慧生活服务体系构建技术与示范”（项目编号：2019YFF0303300）下设课题一“无障碍、便捷智慧生活服务体系及智能化无障碍居住环境研究与示范”（课题编号：2019YFF0303301）即研发了 4 类智慧无障碍设备终端，该设备与无障碍便捷智能运维管理平台联动，为建筑或园区内人群提供无障碍、安全、快捷智慧的生活服务。

① 智能导航：通过安装在轮椅、电动车头等共享无障碍设施上的定位终端设备，实时采集设备位置。通过平台移动端，无障碍需求人士及园区管理者可对园区内共享设备的空闲 / 占用情况、设备借用 / 归还情况进行查看，并对共享设施进行申请、调度等。

② 智能停车：针对无障碍机动车停车位闲置、被违规占用、缺乏引导管理等常见问题，研发无障碍机动车停车位专用地锁。有需求的人士进入车场位置，通过微信小程序或手机网页扫码登记后，平台会自动为其分配无障碍车位，车辆抵达车位附近时通过移动端控制开锁。

③ 场所使用指引：包括餐厅、卫生间、健身娱乐中心、医疗中心等场所内的指引。在不侵犯隐私的前提下，在餐厅、无障碍卫生间等提供无障碍服务的场所入口处安装人员计数器和红外传感器，实时对餐厅进出人员数量、现有人数以

及无障碍卫生间 / 厕位的位置和占用状态进行计算、统计和人流量预测，通过大屏端和移动端进行可视化数据呈现，支持运营管理人员进行人员疏导等管理动作，方便使用者通过移动端查看信息从而规划出行，达到对空间进行错峰利用、减少等候时间的目的。

④ 智能呼叫：为有需求的人士配备具有紧急报警功能的电子胸牌，当需要提供帮助或服务时，使用者可通过电子胸牌按键报警，服务端基于模型定位技术确定人员信息及实时位置，调度服务人员前往。电子胸牌可作为一卡通，用于门禁、用餐、健身等场景。

对于智能化的无障碍终端设施设备，需要结合社会需求和中国对自主技术产品的迫切性继续拓展深化。对于智能化的无障碍终端设施设备的研发，应紧抓5G 场景和 AI 技术全面赋能的产业变革机遇，利用智慧智能技术，研究制定相关的顶层设计和基本框架，加强相关产业的技术系统集成和深度开发，攻克关键技术，以精准的需求为导向，以创新型研究与推广应用为目的，在重要领域有所突破，实现产品类型与功能服务的多元化、智能化，全面提质降费、普惠民众。

当下需求迫切的智能化的无障碍终端设施设备包括：能够解决既有建筑出入口处有台阶但无法增加轮椅坡道的这种几步台阶高差问题的机器人辅助轮椅升降设施、能够解决例如老旧小区无法加装电梯的这种楼层高度大台阶高差问题的履带式轮椅升降设备、方便乘轮椅人士上下车及放置轮椅的车载设施、智能无障碍家具和建筑部品等；当下需求迫切的无障碍通用技术包括：智能呼救和救助技术、智能导盲技术、可穿戴健康监控技术、无障碍通用性产品包装技术等。

第9章　结语

本书的关键词是“无障碍”和“智慧城市”。“无障碍”和“智慧城市”都是近些年的研究热点，在平台、设施和产品等方面有大量的成果。我们在关注硬件设施、先进技术的同时，一定要有清醒的认识，这些都是为“人”服务的，为人的更加“好”的生活服务的。

什么是一个“好”的生活？这是一个伦理学的命题，自由和尊重一定是其中必要而重要的要素。而“好”的生活离不开 “好”的社会环境。什么是“好”的社会环境？无障碍便捷一定是其中必要而重要的要素。

这一点虽然已经在全社会得到共识，但仍缺乏深入的研究，更不要说成熟和广泛的实践了。

作为“无障碍智慧生活研究丛书”的第一本，本书是在城市尺度上讨论上述问题的。城市是系统的，也是动态发展的，如何将无障碍便捷的需求纳入有机的城市系统中，是需要我们这些城市的研究者和实践者长期给予关注的工作。

本书是由课题研究引发思考，在研究和思考的基础上，结合作者多年参与城市建设的实践撰写的，表达了作者当下对无障碍便捷生活的理解，不当之处请给予指正。作者也将持续在研究和实践中探索无障碍便捷生活的实现路径，助力营造充满尊重、更加便捷的生活环境。